河北省省级科技计划资助（S&T Program of Hebei）

（项目编号：21557601K）

石门地质探索之旅

GEOLOGICAL EXPLORATION TOUR OF SHIMEN

曹　磊　张　璟　阎文亮　著

U0268805

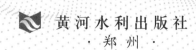

黄河水利出版社

·郑　州·

内 容 提 要

本书是一种以石门（今河北石家庄）稀有地质现象为核心内容的普及地质知识的科普读物，讲述了石门的地质风光、地层、岩石、地质构造现象、地质环境生态修复等方面的内容，主要突出了石门地质资源的典型性、自然性、稀有性和独特性。本书图文并茂、图片精美、文字通俗易懂，既具有科学性、趣味性、可读性，又具有一定的思想性和文学性。

本书是一本非专业启蒙读物，可激发读者对地质事业的兴趣，唤醒人们对环境保护的意识。

图书在版编目（CIP）数据

石门地质探索之旅 / 曹磊，张璟，阎文亮著 .-- 郑州 : 黄河水利出版社 , 2024.10
ISBN 978-7-5509-3870-0

Ⅰ. ①石… Ⅱ. ①曹… ②张… ③阎… Ⅲ. ①区域地质 – 地质特征 – 石家庄Ⅳ. ①P562.221

中国国家版本馆 CIP 数据核字 (2024) 第 078611 号

策划编辑 陶金志　电话 0371-66025273　E-mail 838739632@qq.com

责任编辑　周 倩　　　　　　责任校对　鲁 宁
封面设计　张心怡　　　　　　责任监制　常红昕
出版发行　黄河水利出版社
　　　　　地址：河南省郑州市顺河路 49 号　邮政编码：450003
　　　　　网址：www.yrcp.com　E-mail：hhslcbs@126.com
　　　　　发行部电话：0371-66020550
承印单位　河南瑞之光印刷股份有限公司
开　　本　787 mm × 1 092 mm　1/16
印　　张　11.25
字　　数　260 千字
版次印次　2024 年 10 月第 1 版　2024 年 10 月第 1 次印刷
定　　价　52.00 元

前言

　　习近平总书记强调，科技创新、科学普及是实现创新发展的两翼，要把科学普及放在与科技创新同等重要的位置。科学普及能激发人的好奇心，促使人们了解更多的科学知识、掌握科学的方法，从而培养一大批具备科学家潜质的青少年。本书的编撰就是响应国家的号召，以石门（今河北石家庄）西部山区有趣的地质现象为载体，向社会公众普及地质知识，激发人们了解地质、热爱地质的兴趣。

　　本书以石家庄独有的嶂石岩地貌、天水相依龙凤湖、岩溶地貌发育和藻类化石并存的西部长青、天然氧吧西山森林公园、石灰岩海洋抱犊寨、传统古村落、奇峰怪石著称的苍岩山、冰臼群散落的挂云山为载体，通过图文并茂的形式，向社会公众普及地质知识。

　　往南有赞皇一二三阶梯分布的红色砂岩嶂石岩地貌，往北有长龙在卧的封龙山景区。龙凤湖天水相依，烟波浩渺，是封龙山与凤凰山之间峡谷与人工大坝珠联璧合的结果。西部长青是岩溶地貌发育地，以溶蚀石灰岩为主题公园，里面的动物形象栩栩如生、惟妙惟肖，藻类化石分布其中。西山森林公园天然氧吧，绿树婆娑，是盛夏避暑纳凉胜地，与龙泉湖湿地遥遥相望。抱犊寨是石灰岩的海洋，沿途可看到竹叶状灰岩、豹皮灰岩等多种灰岩。于家石头村是建在石灰岩上的村庄，石屋、石板路、石墙是传统古村落的典型特征。以奇峰怪石著称的苍岩山，是太行深处的明珠。素有"小泰山"之称的挂云山因结晶灰岩冰臼群而闻名，冰臼群是新生代冰川活动留下的印记。飞珠溅玉白鹿泉是太行深处的露天泉水，汩汩东流，惠泽当地一方百姓。温泉源自太行深处的热流，可供人们养生保健。太行山在众多的地质活动中留下了宝贵资源，如黑色金子煤炭、赤红色铁矿、黄灿灿金矿等资源。太行山脉在燕赵大地留下的记忆是石门地质探索之旅的重要资源。

本书由河北地质职工大学曹磊、张璟、阎文亮、董付科共同撰写。具体分工如下：阎文亮、曹磊撰写第 1 章，曹磊撰写第 3 章和第 4 章，张璟撰写第 2 章、第 5 章和第 6 章，董付科负责全书统稿。其中，阎文亮撰写字数约 2 万字，曹磊撰写字数约 11 万字，张璟撰写字数约 10 万字。

在本书编撰的过程中，得到了大量的支持和帮助，感谢周宇、周冰心在拍摄照片过程中给予的帮助；感谢卢君、霍晓冰、于洁清、邢文进、李明辉在路线踏勘过程中给予的帮助；感谢孙文文提出的宝贵意见；感谢刘芳芳在绘图方面给予的支持；感谢河北地质职工大学地质系在标本拍摄方面给予的支持和帮助；感谢武晓静、付猛给予专业方面的帮助；感谢河北地质大学张素梅、张敏杰给予的指导；感谢河北地质职工大学 2022 级工程测量专业陈世豪同学在照片处理上给予的帮助；感谢河北省科技厅创新能力提升计划资助。

虽然作者尽了最大努力，但因编撰能力有限，书中难免会有错漏瑕疵之处，诚恳希望读者不吝赐教，以期日后补正。

作　者
2024 年 8 月

目录

第 4 章　石门的鬼斧神工

第 5 章　石门宝藏

第 6 章　人与自然的和谐相处

第1章
可触及的石门地质风光

　　石门因其西部的太行山脉而闻名，石门的地质风光因其连绵不断的山脉闻名遐迩。美丽石门尽在地质，主要包括万丈红绫、千里赤壁的嶂石岩，群峰巍峨、怪石嶙峋的苍岩山，石灰岩海洋的抱犊寨，"小泰山"之称的挂云山；四季石门风韵尽显，主要包括山前大道的西山森林公园、以石灰岩为主题的西部长青公园、波光粼粼的龙凤湖、雄伟壮观的封龙山和白雪皑皑的灵寿陈庄太行山脉；魅力石门无上荣光，主要包括传统的古村落——红色砂岩水峪村和海之上的于家石头村。

1.1　美丽石门尽在地质

巍巍太行，造就了石家庄附近山区的旖旎风景。华北平原不仅有一览无余的平坦，还有丰富而奇特的地貌，在燕赵大地上生根发芽。

1.1.1　红色砂岩地貌——嶂石岩

嶂石岩地貌、丹霞地貌和张家界地貌并称为中国三大旅游砂岩地貌。嶂石岩地貌经由国家旅游部门、地质部门鉴定为"嶂石岩地貌"。嶂石岩风景区，是嶂石岩地貌主要所在区域，是国家级风景名胜区、国家地质公园。嶂石岩风景区内分为冻凌背、圆通寺、纸糊套和九女峰四个景区，占地 120 km²；区内高达 600 多 m 的三级红色砂岩大断崖构成的丹崖绝壁，在嶂石岩一带南北伸展 20 多 km，并远远延伸而去。在此大背景下，发育了众多幽谷深渊、奇峰怪石，以及独特的"Ω"形嶂谷——"世界最大天然回音壁"（1997 年入选吉尼斯世界纪录）。

嶂石岩地貌是科学和人文历史浑然天成的。嶂石岩地貌发育模式经历过岩岭后退、巷谷发育、套谷发育，以及方山、塔柱发育四个阶段。现在的嶂石岩地貌正处于巷谷发育、套谷发育阶段，即风景地貌最完美阶段。嶂石岩地貌坐落在嶂石岩村的缓坡上。明代吏部尚书乔宇的篆书"嶂石岩"摩崖石刻至今清晰地保留在二栈的石英砂岩崖壁上。他还留有"丹屏翠壁相辉映，纵有王维画不如"的诗句，当地也早有"层层叠叠纸糊套，万丈红绫嶂石岩"之说。

嶂石岩地貌形成过程经历了外力沉积、内力抬升和外力破坏三个阶段。在外力沉积阶段，距今18亿～15亿年，大规模的海侵时期，从山西的东南部向北推进，太行山一带为绵延不断的沙质海滩，当时正处于氧化环境，以砖红色为主要色彩的石英砂岩正广泛形成；在内力抬升阶段，由于后期的地壳运动和喜马拉雅造山运动，断层一侧的岩石上升，形成直立陡峭的山崖；外力破坏阶段是岩性差异导致重力崩塌等作用形成的嶂石岩地貌。

嶂石岩地貌命名地见图1-1。标志碑竖立在嶂石岩风景区的纸糊套景区路边，是由河北省测绘局（现为河北省地理信息局）和石家庄市国土资源局（现为石家庄市自然资源和规划局）2009年共同监制的。标志碑背后高耸入云、层级分明的丹崖绝壁就是对嶂石岩地貌最好的诠释。

图1-1 嶂石岩地貌命名地（初秋）

嶂石岩砂岩形成的丹崖绝壁见图1-2。陡峭山崖是嶂石岩的典型特征。

图1-2 嶂石岩砂岩形成的丹崖绝壁（初秋）

玉瀑落湖如图 1-3 所示。瀑布源于石灰岩溶洞中的裂隙泉水，水流经过三栈山涧，直冲二栈崖顶凌空跌落，形成宽约 3 m、高约 30 m 的雨帘，瀑水顺着岩壁落入湖中，丹崖碧湖，景观奇丽。

图 1-3　玉瀑落湖

层峦叠嶂如图 1-4 所示。在图 1-4 中，左侧三级平台清晰可见，平台上的植被就是最好的参照物；右侧是最低的一级平台，被分隔成众多的"Ω"形相连。

图 1-4　层峦叠嶂

回音壁节理如图 1-5 所示。回音壁节理由长城系常州沟红色石英砂岩构成，三组弧形岩壁节理（垂直、近南北、北西西）十分发育，岩块在重力作用下沿三个方向崩塌，形成大弧形的回音壁。回音壁表面平坦，壁高约103 m，弧度250°，弧长310 m。在壁下发出声音，均会有清晰的回音传来，恰如原声，叠复相重，袅袅不绝于耳。

图 1-5　回音壁节理

　　槐泉如图1-6所示。槐泉为滏阳河支流槐河的源头，素有"万古槐泉流不厌"的美誉。"槐泉"又是取其一方佳水之意，泉水甘而冷冽，处幽邃而不生鱼虾，泉眼状如剑孔，相

图 1-6　槐泉

传为周穆王伐犬戎至此为解士兵劳顿，以剑刺而得。泉流日达千吨，实为太行山不可多得的旺泉。

大王台与古佛岩如图1-7所示。在图1-7中，左侧山峰为大王台，方山地貌景观，平台上为李自成义军驻扎地，那里地势险要，"一夫当关，万夫莫开"；右侧山峰为古佛岩，岩墙（断墙）景观，酷似双手合十、面朝东南的一尊石佛，栩栩如生。

图1-7　大王台与古佛岩

1.1.2　红色砂岩地貌——苍岩山

苍岩山是嶂石岩地貌最北端的高山，占地63 km²。从景点的正门进入，巍峨的山峰有种压人的感觉，向上仰望，夹缝中间是步行的台阶，两边的山峰直上直下，让人体会到"壁立千仞，无欲则刚"的豪情。已有的节理，经过上亿年的热胀冷缩，逐渐形成了裂隙，后发育成裂缝，进而分化成许多岩石小块，不断崩塌而掉落，慢慢发育成大而深的宽山涧，逐渐形成宽大的裂谷，形成较大的"一线天"。在横跨两峰之间坐落着福庆寺，在这里可以体会到先人的智慧、山水相依的情怀。步行的台阶上有水流流过，绿树青青依山生长，真是修身养性的胜地。此景点取名岩关锁翠，如图1-8所示。

桥楼殿如图1-9所示。桥楼殿，金代建造，长15 m，宽9 m，位于两壁断崖之上，凌空架有单孔石拱桥，桥上还建有楼殿，从山下仰望，桥楼凌空飞跃，云移楼动，恍然欲飞。其与山西恒山悬空寺、云南西山悬空寺齐名，都是我国古代建筑的杰作。这里也是《卧虎藏龙》和《西游记》拍摄的取景地。

图 1-8　岩关锁翠

图 1-9　桥楼殿

　　古柏朝圣，上千万棵千年生的崖柏、沙柏、香柏屹立于悬崖峭壁之上，姿态各异，有的位于裂缝中（见图 1-10），有的位于山巅之上，有的位于悬崖之上，无论矗立、侧出、倒悬，都不分南北东西，都朝着南阳公主祠的方向生长。

　　苍岩山壁立千仞的石拱桥和飞瀑分别如图 1-11 和图 1-12 所示。浅红色泥岩是红色砂岩地貌中砂岩-泥岩（页岩）的软岩，极易被流水侵蚀、风化，其上面坚硬的岩层往往形成悬臂梁，时间久了，悬臂梁就会折断，形成悬崖。

图1-10　古柏朝圣（生长在裂缝中的柏树）

图1-11　苍岩山壁立千仞的石拱桥

图1-12　苍岩山飞瀑

1.1.3 石灰岩地貌——抱犊寨

抱犊寨，旧名抱犊山，古名萆山，位于石家庄市鹿泉区。抱犊寨东临华北平原，西接太行群峰，一峰突起，峥嵘雄秀，四周皆是悬崖绝壁，远望犹如巨佛仰卧，眉目毕肖，其山顶平旷坦夷，有良田沃土 660 亩（1 亩 = 1/15 ha = 666.67 m^2，全书同），土层深达66 m，异境别开，草木繁茂，恍如世外桃源，有"天下奇寨""抱犊福地"之誉。抱犊寨曾是汉淮阴侯韩信"背水一战"的古战场，亦是著名道人张三丰成道涉足的福地，其风光奇异独特、景色宜人，被誉为"天堂之幻觉，人间之福地，兵家之战场，世外之桃花源"的天下奇寨。在山顶向东望去是一望无际的华北平原，见图 1-13；向西望去是连绵的石灰岩山脉，见图 1-14。

图 1-13　华北平原

图 1-14　石灰岩山脉

抱犊寨山峰远望是平顶，而不是高耸入云，是一种内敛美。抱犊寨远景如图 1-15 和图 1-16 所示。

图 1-15　天下奇寨——抱犊寨远景 1

图 1-16　天下奇寨——抱犊寨远景 2

图 1-17 是抱犊寨左右对称的石灰岩山峰。带你看山，看的却是"海"，这要归结为石灰岩的形成过程。石灰岩主要是在浅海环境中沉积形成的。在距今 5 亿年前寒武纪时代，抱犊寨是汪洋大海，一直接受沉积，那么它是如何抬升到地表的呢？后期由于喜马拉雅运动，沉积的岩石暴露出地表，就形成了今天看到的抱犊寨。当然，这种沉积和抬升是多次

往复循环的，喜马拉雅运动在太行山脉形成过程中作用较大。石灰岩大多为浅海成因，多形成于潮上带或浅部潮下带，少数石灰岩形成于深海、浊流或湖泊环境中。

图 1-17　抱犊寨左右对称的石灰岩山峰

图 1-18、图 1-19 是石灰岩天然溶蚀形成的孔洞。有的孔洞仅容 1 人通过，立在悬崖峭壁边，峭壁边上是凹凸不平的起伏曲面，不是像刀砍过的平整直立的砂岩的平面，主要是由石灰岩的溶蚀形成的。

图 1-18　抱犊寨石灰岩天然溶蚀形成的孔洞 1（洞中探天）

图 1-19　抱犊寨石灰岩天然溶蚀形成的孔洞 2（洞中探天）

　　石灰岩在抱犊寨应用广泛。图 1-20～图 1-24 分别是抱犊寨标志牌、石灰岩铺就的台阶和雕刻的护栏、砌筑的石灰岩墙、抱犊寨石灰岩砌成的拱形桥、就地取材——用石灰岩建造的韩信祠。

图 1-20　抱犊寨标志牌

图 1-21　石灰岩铺就的台阶和雕刻的护栏

图 1-22　砌筑的石灰岩墙（泥质条带灰岩、紫红色竹叶状灰岩、豹皮灰岩）

图 1-23　抱犊寨石灰岩砌成的拱形桥

图 1-24　就地取材——用石灰岩建造的韩信祠

1.1.4　石灰岩地貌——挂云山

　　山顶悬崖峭壁，怪石众多，高耸入云，故名挂云山。挂云山远景如图 1-25 所示。挂云山风景区位于井陉县威州镇三峪村，距石家庄市 20 km，素有"小泰山"之称。东望是一望无际的华北平原，西顾为莽莽苍岩的太行群峰。挂云山出露的岩层是距今 4.43 亿年前的奥陶系石灰岩。山脚下的矿业公司（见图 1-26）开采奥陶系亮甲山组石灰岩，作为混凝土加工的骨料。

图 1-25　挂云山远景

图 1-26　挂云山山脚下的矿业公司

　　挂云山山顶的玉皇印见图 1-27。由于风化和岩石崩裂作用，周围的岩石已风化剥落，只剩下单独一块岩石矗立在石桥边，仿佛玉皇印方方正正地扣在路中间，已用红色铁栏杆围住。另外一处风景就是由于风化在坡上形成的"一枝独秀"奇观，见图 1-28。

图 1-27　挂云山山顶的玉皇印

图 1-28　挂云山的"一枝独秀"奇观

1.2　四季石门风韵尽显

　　石家庄位于中纬度地带，属暖温带季风气候。四季分明，春秋季短，夏冬季长。春季干燥多风，降水少。夏季受东南温湿气流影响，降水多，占全年降水总量的 63%～

70%。秋季晴朗少云，温度适中，气候宜人，深秋多东北风，常出现寒潮天气。冬季盛行西北风，寒冷干燥，降水少。四季石门在大山衬托下又是什么景象呢？

1.2.1 西山森林公园

西山森林公园坐落在河北省石家庄市西南 20 km 处的封龙山麓，公园总面积 2.5 万亩，森林覆盖率达 75.6%。园区内有 32 处景点，集雄、奇、秀为一体，素有"植物王国"和"风景乐园"之称。

春天的西山森林公园是花的海洋，连翘花、迎春花依次盛开，柳树在春风中摇曳，微风扑面暖洋洋的。"暖风熏得游人醉，只把杭州作汴州"说的就是这种意境吧。春天的景象如图 1-29 和图 1-30 所示。

图 1-29　西山森林公园路旁的连翘花盛开

图 1-30　西山森林公园路旁的柳树、连翘花

夏天的西山森林公园披上绿色的盛装，郁郁葱葱，生机盎然，犹如绿色的波浪在地面上展开，连绵不断。夏天的景色如图 1-31～图 1-34 所示。

图 1-31　夏天的西山森林公园北部山脉 1

图 1-32　夏天的西山森林公园北部山脉 2

图 1-33　夏天的西山森林公园北部山脉 3

图 1-34　夏天的西山森林公园南部山脉

秋天的西山森林公园经过夏天的繁荣，进入秋季的果实生长和萧瑟。秋天的景象如图 1-35 和图 1-36 所示。

图 1-35　秋天的西山森林公园

图 1-36　秋天的西山森林公园路旁果园

西部长青公园地处石家庄市西部，距离市区 15 km。从市里出发，沿山前大道经南二环西延的路经水峪隧道，翻过龙泉寺，出了隧道便是西部长青公园了。西部长青公园环境幽雅，草木茂盛，流水潺潺，空气清新。西部长青公园东南角有元好问的雕像，如图 1-37 所示。西部长青公园绵延的山脉如图 1-38～图 1-40 所示。

图 1-37　西部长青公园东南角的元好问雕像

图 1-38　西部长青公园绵延的山脉 1

图 1-39　西部长青公园绵延的山脉 2

图 1-40　西部长青公园绵延的山脉 3

　　西部长青公园停车场一侧，利用出露的石灰岩露头和部分附近山体的石灰岩，打造成了石灰岩的主题乐园，如图 1-41 所示。利用石灰岩溶蚀形成的孔洞以及各种形状来装饰点缀公园，具体如图 1-42～图 1-45 所示。

图 1-41　西部长青公园以石灰岩为主题的乐园

图 1-42　石灰岩溶蚀形成的各种孔洞 1

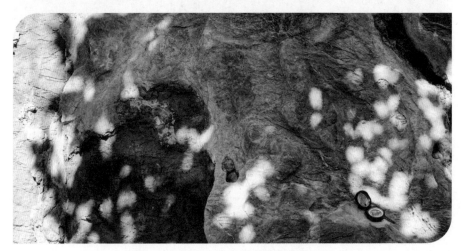

图 1-43　石灰岩溶蚀形成的各种孔洞 2

图 1-44　西部长青公园里的石灰岩 1

图 1-45　西部长青公园里的石灰岩 2

1.2.3　封龙山

　　封龙山又名飞龙山，位于河北省石家庄市鹿泉区西南约 15 km。西倚太行，东临平原，主峰海拔 812 m，巍然崛起，雄伟壮观。传说封龙山是大禹治水时，为了避免兴风作浪的蛟龙给黄河流域的人民造成灾难，将蛟龙锁封此山上，从而得名封龙山。

　　封龙山是太行山的支脉，在平赞高速公路赞皇方向路段，从车上望去，封龙山由南向北展布开来，高低起伏，犹如长龙在平原上舞动。夏天，穿上了绿装的山脊和沟谷错落有致，仿佛立体曲面不断跳跃在南北向的长脊线前面，犹如大海的波浪不断起伏，永不停息。

冬天的封龙山是另一番景象，白雪皑皑覆盖了大地，仿佛一床天鹅绒被把封龙山裹得严严实实，"山舞银蛇"说的就是此时的景象，犹如长龙横卧在平原之上。走近了，部分岩石暴露出来，灰白色的石头、深灰色的树干立在白色的海洋里，白、灰色对比，显得封龙山苍老而深邃。岩石夹缝中生长的大树显示着顽强的生命力，彰显着向天而生、"力拔山兮气盖世"的威武。"咬定青山不放松，立根原在破岩中"就是对大树强大生命力的昭示。大山中的青松是银装素裹世界的一抹亮色，"大雪压青松，青松挺且直。要知松高洁，待到雪化时"就是对山中松树最好的写照。冬天的封龙山如图1-46～图1-48所示。

图1-46　冬天的封龙山

图1-47　冬天封龙山的岩石和深灰色的树干

图 1-48　岩石夹缝中生长的树木

　　沟谷中堆积的石头是附近的山体风化之后，形成的岩石的碎块从岩体剥落下来，堆积于此形成的。没有经过碰撞和较长距离搬运的大部分大块岩石棱角明显，经过碰撞和较长时间水流冲刷的小部分小块岩石可能呈浑圆状。堆积岩石的形态和岩石磨圆的程度反映了附近山体已崩塌的程度和水流对岩石的冲刷程度。

　　封龙山飞来石（见图 1-49）有一个美丽的传说。远古时期，封龙山上一条蛟龙作舞时，将一块巨石扫下，犹如从山顶上坠落，万千年屹立于此。飞来石后有唐咸通二年（861

图 1-49　封龙山飞来石

年）官吏夫妻自刻像，以示对封龙山神万世崇拜的心情。飞来石高3.5 m左右，下部宽约2 m，上部宽约1 m，正面类似直角梯形，厚约60 cm。这块飞来石傲立于山坡之上，与周围的环境融为一体，下面有几块碎石垫在底部，没有任何黏结剂，站在飞来石跟前，给人的感觉就要倾倒，但是风动之时，这块岩石并没有左右前后摇动，用手推推，还是立在那儿纹丝不动。高山的坠石落于此，经过人文包装和加工，便有了飞来石之说。这块岩石其实是变质砂砾岩，砾石的直径为0.5～2 mm，石英颗粒边角钝化明显，斜层理、交错层理明显。

　　天然的飞来石并不是没有，著名的安徽省黄山飞来石、山东省泰山飞来石就是天然形成的，还有四川省龙门山的飞来峰景区。"飞来"的主要是从外部过来的岩石，与原岩不是一个整体，主要是通过逆冲推覆构造、节理、裂隙或断层等地质构造作用，脱离原来的岩石，移动到新的岩体之上。通俗地讲，就是"鸠占鹊巢"，少量的岩石由于各种地质作用脱离原地，与其他时代形成的岩石堆积在一起。

　　石板路就是利用就地取材的砂岩、变质砂岩拼接而成的，如图1-50所示。蜿蜒的小路，不断延伸到山顶，仿佛一条柔滑的丝带在大地上慢慢展开，望不到尽头。漫步过的小路，有几亿年形成的波痕保存在砂岩中，交错层理和斜层理尽现眼底。紫色波痕的凸起和凹下不断重复，反映了当时河流或海洋中波浪作用在地壳中留下的印记。

图1-50　封龙山的石板路（波痕印记）

　　封龙山的石碾和碾盘是劳动人民智慧的结晶，如图1-51所示。石碾下面用青石块支起来，离地面约0.3 m。匠人用凿子刻过的石碾和碾盘是用来加工粮食的。石碾是圆柱体，直径 1 m 左右，长度 1.5 m 左右；碾盘是直径 3 m 左右的圆盘。碾盘上面纹路清晰可见，石碾两端是纹路清晰的刻印，中间平平展展、光光滑滑。谷子成熟的时候，可用它去皮，磨成小米；小麦收获时，可用它磨成面粉。

图 1-51　封龙山的石碾和碾盘

1.2.4　石家庄灵寿陈庄太行山脉

冬天灵寿太行山脉的陈庄麻棚岩体及其周围山脉如图 1-52～图 1-54 所示。

图 1-52　陈庄麻棚岩体雪景 1

图 1-53　陈庄麻棚岩体雪景 2

图 1-54　陈庄麻棚岩体雪景 3

1.3　魅力石门无上荣光

　　石门不仅拥有天然魅力的地貌资源，还有着优秀的人文资源。依托地质资源形成的优秀的人文资源，就是传统的古村落——红色砂岩水峪村和海之上的于家石头村。

1.3.1 传统古村落——红色砂岩水峪村

水峪村是传统古村落，是利用红色的石英砂岩砌筑的民用建筑。从老乡的房屋、院墙到乡间小路都能见到红色的石英砂岩的影子，叠放得错落有致，处处彰显自然的原色，古朴而有年代感。这里的石头因含铁，处在氧化的环境中，形成了赭红色，成了当地老百姓的建筑材料，因此水峪村又称为红石村。这里的房屋基本上都是用石头垒起来的，见不着刀斧的痕迹，房屋具有冬暖夏凉的保温性能。走在石板铺成的小巷或小径上，一座座石头房子呈现在你面前，有一种历史的沧桑感。水峪村因泉多而得名，望着村前的小河，你会看到老百姓在那里洗菜淘米，会感到人与自然和谐相处的共赢局面，世外桃源心境也会不断涌上心头。水峪村红色石英砂岩做成的门楼如图 1-55 所示，水峪村的影壁墙如图 1-56 所示，水峪传统古村落的介绍如图 1-57 所示，红色石英砂岩砌筑的石墙如图 1-58 所示。

图 1-55　水峪村红色石英砂岩做成的门楼

图 1-56　水峪村的影壁墙

图 1-57　水峪传统古村落的介绍

图 1-58　红色石英砂岩砌筑的石墙

1.3.2　传统古村落——海之上的于家石头村

为什么是海之上的于家石头村呢？于家石头村位于小盆地之上，建造在石灰岩之上。石灰岩形成于约 5 亿年前的奥陶系亮甲山组，形成的环境是浅海环境，那时环境是一片汪洋大海，海洋的体积占比比现在的还高，海洋生物非常繁荣，生物的死亡，接受了钙质物的沉积，后来由于大的构造运动，如燕山运动和喜马拉雅运动，最终因 240 万年前大幅抬升，先前的沉积暴露出地表，形成了如今的太行山脉，出露了原来沉积的岩层——石灰岩。

于家石头村是明代著名政治家、民族英雄于谦后裔的居所，村里人95%以上是于姓。于家石头村是西高东低、北翘南伏的一片小盆地。"深山藏古秀，瑞石撒幽香"是对于家石头村最经典的总结。于家石头村俯视图如图1-59所示。

图 1-59　于家石头村俯视图

于家石头村是传统的村落，路是青石路，墙是石头墙，屋是石头屋，到处都彰显着古村落的质朴与厚重，完全摒弃了城市里的钢筋混凝土，仿佛是"世外桃源"，古风流韵藏石间。从于家石头村的西门进入，全村的石头屋错落有致，街道纵横交错，亭台楼阁掩映其中，在日出的沐浴中，熠熠闪光生辉。这里的房屋大多是四合院，房屋的材料是就地取材的石灰岩，当地老乡也称为青石。青石铺就的乡间小路如图1-60所示，青石路的石头棱角由于多年的踩踏，圆润光亮。

图 1-60　青石铺就的乡间小路

沿着街道往里走，你会看到古典质朴的古戏楼，戏台是用青石搭建的，屋顶用灰色琉璃小瓦均匀布列，四角飞檐。当年生旦末净丑的声音还余音绕梁，讲述着于谦将军的故事。戏台的前面有一口井，不是为了喝水，主要是采用空旷传音的方式进行声音的放大，便于观众听清，相当于现代的音箱，不由感叹于古人的智慧。空旷传音的井如图1-61所示。

图 1-61 空旷传音的井

院子里的石凳、石桌都是青石的杰作，你能想象到当年大家围坐在一起饭后谈天说地的热闹情景和族长严肃召开家庭会议的场景。用青石加工的石凳、石桌如图1-62所示。

图 1-62 用青石加工的石凳、石桌

清凉阁，是于家石头村的标志性建筑，共三层，据传是于谦后人于喜春一人所建，距今已有 500 年历史。整个楼阁没有地基，石头和石头之间也没有任何辅料，完全靠石头搭建垒砌。当时的搭建之人每日白天劳作，晚上建阁，应该并没有意识到自己创造的其实是个集美学、力学、建筑学、几何、数学、物理于一体的"标志"吧。

清凉阁的建成，还有一个传说。《井陉县志》有"于喜春身大力强，家贫好义，独立兴修……所砌之石，多达万余斤之重"的记载。他决心盖一座九层阁楼，站在顶层能看见北京城，看到先祖于谦被害之地。建好第二层后，他因挂牌砸伤手臂，失血过多而亡。于喜春的侄子于朝兴决定继承叔叔的事业，又感觉自己力气不及叔叔，便出资在大量石块中辅以少量砖木，混建而成第三层。这样，也就建成了今天看到的三层石阁。利用青石搭建的三层清凉阁如图 1-63 所示。

图 1-63 利用青石搭建的三层清凉阁

青石和木头搭建的火车模型如图 1-64 所示。匠人用丰富的想象力塑造自己的文化阵地。利用青石刻成的火车轮子和把青石打磨成的水槽高低错落地摆放打造成火车头，寓意石家庄是火车拉来的城市。

石家庄附近太行山脉的地质风光，使石门更加靓丽非凡。南有与丹霞地貌、张家界地貌齐名的赞皇嶂石岩地貌名扬全国；风景秀丽的苍岩山是太行山脉靓丽的明珠；5 亿年前抱犊寨是水平岩层的代表，蕴藏其中的竹叶状灰岩、豹皮灰岩，层层叠叠，是山海变迁的见证；北有与天相接的挂云山，保留有 300 万年前的冰臼群（是冰川活动的印记）；郁

图 1-64 青石和木头搭建的火车模型

郁葱葱的西山森林公园、藻类化石丰富的西部长青公园令人流连忘返；封龙山流传着大禹治水锁住蛟龙，保护老百姓平安的美丽传说，也是人们对于美好生活向往的见证；石家庄灵寿太行山脉的皑皑白雪是一幅天然的水墨画。传统水域红色石英砂岩古村落，石板路、石墙、石屋都是古村落的典型特征，古色古香的于家石头村是太行山深处的古村落，是海陆变迁的最好证据，也是名将于谦的历史文化在这里得以传承的见证。

第 2 章
与地层一起穿越时空

　　多数科学家认为，地球起源于 150 亿年前的宇宙大爆炸。地球在漫长 46 亿年的地质历史演化中留下了丰富的资源。石家庄西部的太行山脉是地球演化过程中的一部分，太行山脉位于中朝准地台，大约 260 万年前，地球迎来了造山运动。在海底隐藏了 18 亿年的主体山脉，忍受不了海底的寂寞，在构造运动作用下，仿佛哪吒闹海跳出了海平面。

太古代和早元古代形成的深大断裂，主要是在海侵时期接受沉积。太古代晚期接受碎屑岩和碳酸盐岩的沉积，同时发生一些中酸性火山岩喷发作用、中基性火山岩喷发作用以及变质作用，形成表壳岩和花岗岩；早元古代继续下沉，接受沉积，沉积一套碳酸盐岩-碎屑岩地层，发生较大规模的火山喷发，经过区域变质作用，形成变质岩。古生代早期地壳上升，遭受剥蚀，古生代晚期二叠纪接受沉积。中生代和新生代由于燕山运动，地壳抬升，形成现在的太行山脉。太行山脉经历二次成海、二次成山的地壳活动，最终以山的形式固定下来，形成太古代、元古代、古生代、新生代"四代同堂"，缺少了中生代的地层。

地球上的生物经历了由简单到复杂，由低等到高等，由水生到陆生，极其漫长的演化历程。大大小小的生物生活在地球的各个角落，伴随着地球的运动变化，不断繁衍发展，有些经过漫长的进化生存了下来，有些则被永远埋在了地下。地壳中保留下来的各时期的地层，仿佛是一部内容丰富的大自然史册，收藏了地球历史的秘密。

地层是指地壳中具有一定层位的岩石。地层由各类岩石和各种堆积物组成。自然界中岩石与岩石之间，也有类似人与人之间亲陌、密疏的关系，它们通常是"物以类聚"，同时形成一种或几种岩石的组合，呈层状产出，地质学家就用"地层"这一术语来表达。

在一般情况下，先形成的地层居下，后形成的地层位于上面。地质年代单位是根据生物演化的不可逆性和阶段性按地质时期划分的。地质时代单位按级别从大到小顺序划分为宙、代、纪、世、期，相对应的地层单位为宇、界、系、统、层。

有些地区，常因化石依据不足或研究程度不够等，只按地层层序、岩性特征及构造运动特点划分地层单位，称为区域性地层单位或岩石地层单位。岩石地层单位一般包括群、组、段三级。石家庄西部山区地层层序简表见表 2-1。

表 2-1　石家庄西部山区地层层序简表

界	系	统	群	组
新生界	第四系			坡积物和冲洪积物
古生界	奥陶系	下统		亮甲山组
				冶里组
	寒武系	上统		凤山组
				长山组
				固山组
		中统		张夏组
				徐庄组
				毛庄组
		下统		馒头组
		缺失		府君山组（缺失）
元古界	上元古界	震旦系		缺失
		青白口系		井儿峪组（缺失）
				长龙山组（缺失）
				下马岭组（缺失）
				铁岭组（缺失）
	中元古界	蓟县系		洪水庄组（缺失）
				雾迷山组（缺失）
				杨庄组（缺失）
		长城系		高于庄组
				大红峪组
				团山子组（缺失）
				串岭沟组
				常州沟组

界	系	统	群	组
元古界	下元古界		东焦群	
			甘陶河群	牛山组
				蒿亭组
				南寺组
				南寺掌组
太古界			五台群	石家栏组

"一粒沙子看世界""窥一斑而知全豹"，通过由小及大来了解地球的演化过程。太行山脉在其悠久的地质历史演化进程中，留下了宝贵的岩石、化石资源，是人们探索太行山脉的一把"钥匙"，为了解太行山脉的前生今世奠定了基础。考察地球演化进程的一个重要的手段就是研究保存在地层里的化石。

化石，是地层里的秘密。不同时期形成了不同的化石。地壳中保存的属于古地质年代的动物或植物的遗体、遗物或生物留下的痕迹叫化石。由地层化石可以推断当时的气候条件和地理环境，是人们认识当时环境的重要标志。

化石形成和发现过程如图 2-1 所示。首先，远古生物死亡后的遗体或是生活时遗留下来的痕迹，被当时的泥沙掩埋起来。其次，在随后的岁月中，这些生物遗体中的有机物质分解殆尽。再次，坚硬的部分（如外壳、骨骼、枝叶等）与包围在周围的沉积物一起经过石化变成了石头，原来的形态、结构（甚至一些细微的内部构造）依然保留着。最后，随着地壳抬升，化石露出地表。

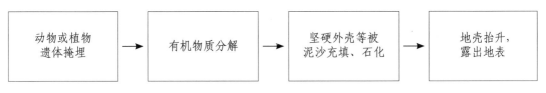

图 2-1　化石形成和发现过程

2.1　太古宙

太古宙距今38亿～25亿年，是最古老的地质历史时期。太古宙起始于内太阳系重轰炸期的结束，地球岩石开始稳定存在并可以保留。太古宙气体主要是还原性气体甲烷，如图2-2所示。这是原始生命出现及生物演化的初级阶段，当时只有数量不多的细菌和低等蓝藻的原核生物，它们只留下了极少的化石记录。太古宙是一个地壳薄、地热梯度陡、火山—岩浆活动强烈而频繁、岩层普遍遭受变形与变质、大气圈与水圈都缺少自由氧、形成一系列特殊沉积物的时期，也是一个硅铝质地壳形成并不断增长的时期，又是一个重要的成矿时期。这一时期主要形成了太古界的石家栏组黑云母斜长片麻岩，是太行山地区最古老的岩石，主要分布在井陉峪沟水库地区。太古界的岩石如图2-3和图2-4所示。大家好奇这么古老的岩石为何暴露在地表，而不是埋在地下深处？主要因为地壳是不断变化的，有时下降接受沉积，有时上升接受风化剥蚀，后来地壳抬升，沉积的物质已风化完毕，暴露最古老的岩石。这就是大自然的"削高填低"作用。

图2-2　太古宙的火山爆发形成以甲烷为主的气体

图 2-3 峪沟水库附近灰黑色斜长片麻岩

图 2-4 灰黑色斜长片麻岩

2.2 元古宙

元古宙距今 25 亿～5.43 亿年。元古宙时期，由太古宙的甲烷还原性气体转化为含氧丰富的大气。元古宙时期藻类和细菌开始繁盛，是由原核生物向真核生物演化、从单细胞原生动物到多细胞后生动物演化的重要阶段。叠层石在该时期出现了发展高潮。在中国北方发现了属于 17 亿～16 亿年前丘阿尔藻的化石，这是最老的真核细胞生物。元古宙真核生物复原图如图 2-5 所示。

图 2-5　元古宙真核生物复原图

2.2.1　下元古界火山机构

测鱼镇下元古界火山机构（也称古元古界火山机构），近在身边的遥远火山，距今 25 亿～20 亿年。火山喷发就是地球深部能量向外溢出的过程。火山喷发是地球内部的地热能和岩浆压力不平衡所引起的。地球内部的地热能来自地球形成时的余热和放射性元素衰变产生的热能。当地球内部的地热能积累到一定程度，而岩浆压力又高于地表以下某一深度的压力时，就会触发火山喷发。下元古界火山机构的标志牌如图 2-6 所示。

有"火山国家"之称的东南亚国家印度尼西亚，全国现已查明的火山达 500 多座，其中活火山超过 170 座，是名副其实"在火上烤"的国家。美国、日本、俄罗斯、智利也是火山活动频繁的国家。我们可以不必走出国门，在我们家门口——河北省井陉县测鱼镇就可以观察 20 亿年前火山活动的遗迹，感受当时火山喷发的盛况。

隆隆的声音从大地深处传播开来，岩浆从火山口往外零星冒出，时而咕咕冒出，时而少量喷向高空，伴随着吱吱声，随后密集的熔岩柱不断地此起彼伏，火红滚烫的岩浆从火山口集中喷涌而出，仿佛熔化的铁水，熔岩缓慢流下，四处散播开来。俯瞰整个火山口，仿佛一口沸腾的大锅，中心金黄色的熔岩不断跳跃，锅底下有着无限的能量，促使其日夜

图 2-6　古元古界火山机构的标志牌

不停地翻腾,熔岩不断从"大锅"边沿溢出,锅边的岩浆遇冷形成一层银灰色"稀饭饭皮"在缓慢移动,流动速度变慢。在火山口低处有多条熔岩流流动着,犹如多条火舌在火山口铺展开来,窄的数厘米,宽的几十厘米,不断流向山下。继而火山产生的气体直冲天空,发出巨大的爆炸声,喷出的熔岩逐渐染红了整个天空,比火烧云形成的景象还要壮观和震撼,喷出的气体还带有硫黄气味。火山熔岩的温度在 800～1 200 ℃。

　　河北省井陉县测鱼镇下元古界火山机构的岩石利用锆石 U-Pb 测的年龄为 20 亿年左右。下元古界火山机构形成的火山集块岩、火山碎屑岩、凝灰岩如图 2-7 和图 2-8 所示,里面发育较多的火山岩气孔构造和杏仁构造如图 2-9 和图 2-10 所示。如何形成火山集块岩、火山碎屑岩、凝灰岩?测鱼地区下元古界火山岩位于峪沟水库以西,岩石普遍遭受绿泥石化及绿帘石化蚀变作用,火山作用类型包括爆发作用和溢流作用,爆发作用形成变质沉凝灰岩、含角砾凝灰岩、火山角砾岩、含集块火山角砾岩、集块岩,溢流作用形成中基性火山熔岩。研究区域火山作用,在喷发初期,以玄武质集块岩、含集块角砾岩和角砾岩等爆发相、少量的溢流相为主,火山喷发强度较大;在喷发中后期,主要从以安山质含集块角砾岩、安山质角砾岩、凝灰岩等爆发相向沉积相变化;在喷发后期,主要从以具气孔构造和杏仁构造的安山岩和玄武质安山岩为主的溢流相再到安山质火山碎屑岩为主的爆发相变化。

图 2-7　张河湾公路与石门土路交会处小桥桥头甘陶河群南寺组火山集块岩

图 2-8　甘陶河群南寺组火山碎屑岩（部分已风化）

图 2-9　甘陶河群南寺组火山岩气孔构造和杏仁构造（部分已风化）

图 2-10 火山岩气孔构造和杏仁构造（部分已风化）

2.2.2 中元古界化石

2.2.2.1 西部长青公园藻类化石

西部长青公园藻类化石形成于中元古时期。藻类化石如图 2-11～图 2-14 所示。

西部长青公园停车场东南方向，整体上是高于庄组灰白色白云岩，好像老人脸上的皱纹，沟壑交错纵横。有的因含泥质呈现土黄色，含有燧石条带和燧石结核。单斜岩层向西南方向倾斜，分布着纵横交错的刀砍纹，有的岩层已经溶蚀，形成了溶蚀沟，宽度约 40 cm，深度约 20 cm。

图 2-11 堆积灰黑色苔藓的白云岩，新鲜面呈浅灰色

图 2-12　古生物藻类化石层出露层位

图 2-13　古生物藻类化石层犹如竹笋

图 2-14　古生物藻类化石层犹如竹笋组重叠在一起

古生物藻类化石层是在停车场附近发现的，距今 14.67 亿～13.66 亿年，属于中元古界长城系高于庄组的藻类化石，发育好的地段，大大小小的圆锥状突起分布比较密集，好像地下生长出来的竹笋，这个"竹笋"比较坚硬，从它风化的断面可以看出类似树龄的年轮。可以推断这里 13 亿年前是温暖的浅海，对研究当时古地理环境有着重要意义。出露区长约 60 m、宽约 5 m，面积约 300 m²，青灰色，结核状、馒头状、横纹环状等结构形态较为清晰。

2.2.2.2　测鱼孤山叠层石礁体

测鱼孤山叠层石礁体，位于测鱼村客运站对面东山山坡上。该礁体发育于赵家庄组顶部，赵家庄组由河北地质大学杜汝霖教授命名。多个礁体呈透镜状夹于红色页岩中组成礁系。叠层石以原始简单的层柱状和低级柱状为主，直径 1～3 cm，高 5～10 cm，基本层理呈平缓的弧形，富藻纹层和贫藻纹层交互出现，构成形态多样的叠层构造。礁体代表了中元古代最早的叠层石，为地层对比提供了依据。叠层石礁体如图 2-15～图 2-18 所示。

从藻类化石群（见图 2-17）可以清晰看出，圆弧形的层理依次重叠排开，好像贝壳模样刻在上面，重叠着小的贝壳形态。河北地质大学马宝军教授和他的团队于 2020 年 7 月，在千年古县石家庄市井陉县境内，发现距今 20 亿年前古生物遗迹层以及叠层石礁体群。化石群位于太行山南段，石家庄市西南部井陉县测鱼镇境内，在山上与亿年古化石零距离接触，有种跨越了亿年的感觉。在这里人们可以感受沧海桑田的变迁，体验"相看两不厌，一步跨亿年"的神奇。

图 2-15　测鱼村客运站对面东山上叠层石礁体位置（凸出的岩层）

图 2-16　测鱼村客运站对面东山上叠层石礁体 1

图 2-17　测鱼村客运站对面东山上叠层石礁体 2

图 2-18　测鱼村客运站对面东山上叠层石短柱状礁体

礁体主要由珊瑚或其他生物遗骸堆积而成，通常位于海洋或湖泊。礁可生于台地边缘、台地内部、大陆边缘，甚至内陆湖泊中。造礁生物主要是群体生物，如珊瑚、层孔虫、苔藓虫、海绵和藻类等。叠层石属于藻类吸附碳酸镁，这是一种藻类，在生长过程中，白天有阳光时竖着往上长，夜晚没有阳光时则横着长，一般是一天长一层，而我们所看到的每一个纹层里面又包含更多的纹层，甚至拿显微镜才能看得清。礁体生长的环境要求比较苛刻，不仅要求在浅海处生长，还要求水质清澈。

2.2.2.3 银峪阳坡沟古生物遗迹

银峪阳坡沟红色砂岩古生物遗迹，位于测鱼镇银峪阳坡沟前道路旁小河边。河边的红褐色砂岩上分布着大小不一的孔洞。红褐色岩石呈薄层叠状，宽 20 多 m，高约 3 m，长约几百米。在岩石的平面和侧面分布着不同规则的洞孔，银峪阳坡沟出露的赵家庄组下部紫红色铁质粉砂岩、薄层石英细砂岩中发现大量生物潜穴，这些潜穴直径 2～10 mm，长度 5～40 mm。在层面上呈圆形，垂直层面为圆柱体，分布较密集。潜穴充填灰白色白云质粉砂，可识别出似海藻迹、针管迹、蠕虫迹、线形迹、圆锥迹等，这反映出一种浅水环境。对于这些潜穴的形成，有人认为是古生物活动留下的痕迹，也有人认为在 20 亿年前还没有宏观生物，应该是微生物留下的残迹，具体是哪种微生物莫衷一是，但毋庸置疑的是这些遗迹对研究生物的起源与进化有着重要的意义。红色砂岩古生物遗迹如图 2-19～图 2-21 所示。

图 2-19　河北地质大学立的古生物遗迹的标志牌

图 2-20　红褐色岩石上留下古生物遗迹的孔洞（侧面）

图 2-21　古生物遗迹的孔洞（灰白色物质充填在红色物质中）（平面图）

2.3 显生宙

2.3.1 古生代

2.3.1.1 寒武纪

寒武纪是古生代的第一个纪，距今 5.43 亿～4.9 亿年。植物群以藻类为主，还有一些微古植物。动物群以具有坚硬外壳的、门类众多的海生无脊椎动物大量出现为特点，是生物史上的一次大发展。其中，三叶虫最为常见，是划分寒武纪的重要依据。寒武纪常被称为"三叶虫的时代"，这是因为寒武纪岩石中保存有比其他类群丰富的矿化的三叶虫硬壳。寒武纪三叶虫群分区现象特别明显。

云南澄江东部帽天山，距今已 5.3 亿年的澄江动物化石群，是举世罕见、保存完美、研究地球早期生命演化的动物化石库，已被国际古生物学界誉为"20 世纪最惊人的科学发现之一"。澄江被誉称为"世界古生物圣地"。云南澄江发现的动物化石群是人类 20 世纪最惊人的发现之一，2001 年 1 月出版的美国权威学术刊物《科学》全面介绍了中国古生物学研究的现状，认为云南澄江化石证明脊椎动物出现提前了 6 千万年。这些化石有助于古生物学者证实大约 5.3 亿年前的寒武纪生命大爆发。云南澄江动物复原图见图 2-22。

图 2-22　寒武纪澄江动物群复原图（距今已 5.3 亿年）（拍摄于中国地质大学博物馆）

寒武纪还产生了进化史上的一个重要事件——"寒武纪生命大爆发"，在很短（地质意义上的很短，其实也有数百万年之久）时间内，生物种类突然丰富起来，呈爆炸式地增加。它意味着，生物进化除缓慢渐变外，还可能以跳跃的方式进行。当时出现了丰富多样且比较高级的海生无脊椎动物，保存了大量的化石。三叶虫化石如图 2-23 所示，莱德利基虫化石如图 2-24 所示。

三叶虫全身明显分为头、胸、尾三部分，背甲坚硬，背甲上两条背沟纵向分为大致相等的三片——一个轴叶和两个肋叶，因此名为三叶虫。

图 2-23　三叶虫化石（拍摄于中国地质大学博物馆）

图 2-24 莱德利基虫化石（拍摄于中国地质大学博物馆）

2.3.1.2 奥陶纪

奥陶纪是古生代的第二个纪，距今 4.9 亿～4.4 亿年。奥陶纪气候温和，浅海广布，世界许多地区（包括我国大部分地区）都被浅海海水掩盖，海生生物空前发展，较寒武纪更为繁盛。除寒武纪开始繁盛的类群外，其他的类群像笔石、珊瑚、腕足类、海百合等得到进一步发展。4.49 亿年前的一天，一束来自 6 000 光年以外的伽马射线穿透大气层，击中了地球。射线击碎了气体分子，地球大气顿时变得四分五裂，地球上发生了第一次生物大灭绝事件，该事件造成了地球上 60% 的物种灭绝，该事件又称为"伽马射线暴"。

2.3.1.3 志留纪

志留纪(笔石时代)是古生代第三个纪，距今4.4 亿～4.1 亿年。经过了上千万年的复苏，地球海洋终于从奥陶纪末期的大灭绝中缓了过来。由于剧烈的造山运动，地球表面出现了较大的变化，海洋面积减小，大陆面积扩大。植物群中开始出现原始陆生植物。海生无脊椎动物在志留纪时仍占重要地位，笔石是海洋漂浮生态域中引人注目的生物，笔石以单笔石类为主，如单笔石、弓笔石、锯笔石、耙笔石等。笔石分布广，演化快，在地层对比中有独特的价值。所以，把笔石作为志留纪最重要的生物化石对比的标志。但是在脊椎动物中，无颌类进一步发展，这在脊椎动物的演化上是一重大事件，鱼类开始征服水域，为泥盆纪鱼类大发展创造了条件。植物登陆成功和脊椎动物有颌类的壮大是发生在志留纪的最重要的生物演化事件。整个华北地区缺少志留纪地层。

2.3.1.4　泥盆纪

泥盆纪（鱼类时代）是古生代第四个纪，距今 4.1 亿～3.54 亿年，是地球生物界发生巨大变革的时期，由海洋向陆地进军是这一时期最突出、最重要的演化事件。这一阶段地球发生了海西运动，许多地区升起，露出海面成为陆地，古地理面貌与早古生代相比有很大的变化。脊椎动物经历了一次几乎是爆发式的发展，淡水鱼和海生鱼类都相当多，因此泥盆纪被称为"鱼类时代"。陆生植物裸蕨在陆地上完全处于稳定状态，荒漠真正地披上了绿装，标志着植物的发展进入了新阶段。泥盆纪中晚期的陆地上还出现了最早的裸子植物。

2.3.1.5　石炭纪

石炭纪是古生代第五个纪，距今 3.54 亿～2.95 亿年。石炭纪时陆地面积不断增加，陆生生物空前发展。当时气候温暖、湿润，沼泽遍布。大陆上出现了大规模的森林，给煤的形成创造了有利条件，形成了丰富的煤炭资源，因此得名"石炭纪"。石炭纪成为地质历史时期最重要的成煤期之一。石炭纪海生无脊椎动物中最重要的类群是蜓类，而腕足动物尽管在类群上减少，但数量多，依旧占相当重要地位，头足类则以菊石迅速发展为主。

2.3.1.6　二叠纪

二叠纪是古生代最后一个纪，距今 2.95 亿～2.5 亿年。二叠纪的地壳运动比较活跃，陆地面积进一步扩大，海洋范围缩小，自然地理环境的变化促进了生物界的重要演化，预示着生物发展史上一个新时期的到来。植物进一步繁盛，也是成煤的重要时期。二叠纪早期的植物群以真蕨和种子蕨为主，晚期的植物群以裸子植物为主。海生无脊椎动物中主要门类仍是蜓类、珊瑚、腕足类和菊石。陆地上的主要动物是两栖动物，但爬行动物开始发展，昆虫的体型也变大了。

2.3.2 新生代

2.3.2.1 第三纪

第三纪距今为 0.65 亿～260 万年，第三纪目前被细分为古近纪和新近纪。地球进入新生代，被子植物大发展，很快形成了大片繁茂的森林。哺乳动物和被子植物进入高度发展的时代，哺乳动物迅速发展，人类的出现是这个时代最突出的事件。

2.3.2.2 第四纪

第四纪是地质历史上最新的一个纪。全球气候出现了明显的冰期和间冰期交替的模式，导致部分物种灭绝，又是哺乳动物和被子植物高度发展的时代，人类的出现与进化则是第四纪最重要的事件之一。人类进化迅速，很快成为地球的主人，开辟了地球历史的新纪元。

井陉挂云山发现的第四纪冰川遗迹被当地人称为玉女池。冰臼是古冰川遗迹之一，指的是第四纪冰川（约始于 300 万年前）后期，冰川融水挟带冰碎屑、岩屑物质，沿冰川裂隙自上向下以滴水穿石的方式，对下覆基岩进行强烈冲击和研磨，形成状似我国古代用于舂米石臼的坑，故称为冰臼。挂云山冰臼群如图 2-25～图 2-27 所示。

图 2-25　挂云山冰臼群 1

图 2-26　挂云山冰臼群 2

图 2-27　挂云山冰臼群擦痕

　　2009 年，在井陉县发现了第四纪冰川遗迹。挂云山地处井陉县与鹿泉县交界处，属井陉县境内，平均海拔约 780 m。中国地质科学院地质研究所研究员、"冰臼之父"韩同林教授介绍，这里山势陡峭，两条如刀刃一样尖的山脊趴在山上。他表示，这两条山脊叫"刃脊"，山脊两边陡峭，中间隆起，很明显是由冰川活动造成的。另外，他指出，这里的山呈"U"形，两边陡峭，底部平坦，也表明这里曾有冰川活动。

　　韩同林教授介绍，石坑处在半山腰且表面平滑，不可能是人用重物敲击形成的。另外，石坑的形成需要巨大的垂直力量，但这里地处半山腰，地势较平，水坑周围又无高山峭壁，其形成原因的唯一合理解释就是这里曾覆盖有大量冰川——这块地面高高隆起，水、冰块互相夹杂着顺着冰川缝隙向下滴落，不断冲击地面形成坑。

韩同林教授表示，这是河北省境内首次在灰岩上发现冰臼，因此十分罕见。韩同林教授对形成冰臼的岩石产生了好奇。他说："很奇怪，这里的冰臼形成在奥陶系石灰岩上，而冰臼一般都是在坚硬的花岗岩上。"据介绍，这是因为灰岩质地较软，易风化。他推测，应该是冰臼在未被毁坏之前，冰川就融化了，因此这里的冰臼才幸运地保存了下来。

据介绍，标准的冰臼都是口小、肚大、底平，但这里的冰臼口面积大得出奇，部分冰臼呈锅底状。这表明，整个太行山一带曾覆盖有大面积冰川。同时，韩同林教授认为，在河北省丰宁县等其他三个地区发现的冰臼很可能和此处的冰臼同属一个冰盖。这表明，整个华北山地地区在两三百万年前曾覆盖有大面积冰盖。

经过现场测量，这里的整个冰臼群最短处 16 m，最长处 20 m。专家通过现场观察分析、推测，认为实际面积应该不止这些。专家发现，在冰臼群周围掩埋有很多泥土，扒开泥土还能看到岩石。他们表示，冰臼在我国南方地区出现较多，大多形成于河谷等低洼地带。在河北省境内只在青龙县和丰宁县、秦皇岛三个地方有少量发现，石家庄发现的这块冰臼群，其规模在河北省境内是目前最大的。

跟随时间的列车，从太古代到新生代，见到了最古老的岩石——太古代峪沟水库旁的黑云母斜长片麻岩；下元古界测鱼镇火山机构仿佛老友近在咫尺，让我们领略其当年炽热的魅力；见证了中元古代西部长青公园白云岩中如竹笋的藻类化石以及测鱼镇孤山的如贝壳状叠层石；探究了长城系赵家庄组测鱼镇银峪阳坡沟小河边红色砂岩中古生物遗迹；古生代的三叶虫化石是地层对比和划分的重要依据；新生代的井陉挂云山冰臼群是冰川活动的印记。在漫长的地质时代中，我们领略了地球岩石的丰富性、化石的多样性、火山活动的震撼性。

第 3 章
破译石门密码

　　石家庄位于太行山东麓，如果想了解石家庄这片土地，就要先了解这里的岩石。岩石是出露在土地上最直观的对象，如同历史的档案一般默默记录着石门的诞生和发展，它们或被我们踩在脚下（见图 3-1），或静静守护在我们身边（见图 3-2）。每一种岩石，都刻录着它形成的时代，将当时的气候、环境、动植物等内容全部保存下来，等待着后人去挖掘、去研究、去了解亿年之前地球的样貌。如今的山水之间，伴随着地球的运动、延展、变形，岩石破碎重生，无处不彰显着岩石的身影，造就出不计其数的天然奇观。

图 3-1　抱犊寨山麓随处可见的就地取材的石板路

图 3-2　沉积岩层之上建起的村落，远处是沉积岩形成的山脉

　　岩石形成的地质景观丰富多彩，欣赏这些景观，先从岩石开始吧。揭秘岩石的种类和构成，让大家在日常游玩与探索石门周边之余，对日常生活中俗称的"石头"有一个全新的认识。下面，让我们一起把地层拆解，抽丝剥茧，一步步地破译岩石的密码。

　　岩石是地球发展到一定阶段后，由各种地质作用形成的产物。大自然的鬼斧神工，将这些元素不断地拆分、组合，经过 46 亿年的岁月长河，演进成今天这幅绚烂多彩的模样。

岩石按照其成因，可分为沉积岩、岩浆岩和变质岩三大类。在地表的岩石中约有75%是沉积岩，其余为岩浆岩和变质岩，变质岩占比微乎其微。距离地表越深，岩浆岩和变质岩越多。整个地壳几乎全部由岩浆岩组成，占比大约为95%，沉积岩只有不足5%，变质岩最少。可以说，地表分布最广的沉积岩是地壳的"壳"。

石家庄周边地区的地层出露较全，有一定的代表性，也是我国地层研究最早的地区之一。地层出露由东南至西北，地层年代由老到新。下面我们一起探索包括鹿泉、井陉、灵寿等地区在内的石家庄周边地区以及邢台北部地区的岩石分布情况，抽丝剥茧，破译岩石的密码。

3.1　火山形成的岩石密码

石家庄周边地区有两处规模较大且较为典型的火山活动遗迹，其周边出露有大量的各类岩浆岩。一处为井陉县测鱼镇的下元古界时期的火山机构地质遗迹，另一处为灵寿县陈庄镇的中生代时期的麻棚岩体，各具代表性。

3.1.1　测鱼镇火山机构地质遗迹密码

下元古界甘陶河群火山岩，最早形成年代可追溯到20多亿年前。该区域至今有三次大规模的火山喷发，形成了一套中基性火山岩和火山碎屑岩的组合，并随着时间的推移被埋藏在地下。20多亿年的沧海桑田，使这些古火山活动地质遗迹重见天日。

灰绿色安山质熔结集块岩如图3-3和图3-4所示。岩石呈灰绿色，集块结构，由集块及熔岩胶结物组成，集块成分主要为安山岩，具斑状结构，斑晶为斜长石，基质呈隐晶质，集块杂乱分布，粒度在10～40 cm，分选差，棱角状-次圆状，含量在75%左右。岩石呈基底式-孔隙式胶结，胶结物成分为火山灰及安山质熔岩，火山灰由长石、石英晶屑及火山尘组成，含量在25%左右，呈块状构造。集块岩多分布于古火山口附近。

火山角砾岩如图3-5所示。岩石呈灰绿色，火山角砾结构，块状构造。火山角砾成分为安山岩，角砾大小不等，粒度在2～50 mm，分选差，杂乱分布，形状不规则，火山角砾岩一般分布在火山口附近，和集块岩共生。

图 3-3　灰绿色安山质熔结集块岩

图 3-4　安山质熔结集块，表面被风化

角砾

图 3-5　火山角砾岩

火山角砾岩具有良好的抗压强度和耐久性，被用于建造耐久性要求比较高的建筑物和结构，如桥梁工程、隧道工程等。此外，火山角砾岩具有透水性，是理想的过滤材料，主要应用于水处理和排水系统中，还作为土壤改良剂，改善土壤的透气性和保水性。

含角砾玻屑晶屑凝灰岩如图 3-6 所示。岩石呈浅灰色，凝灰结构，块状构造，偶见火山角砾岩。碎屑成分主要由玻屑、晶屑组成，含有少量岩屑。玻屑呈弧面尖角形，清晰可辨，粒度在 0.3～0.7 mm，含量为 20%。

图 3-6　含角砾玻屑晶屑凝灰岩

凝灰岩具有良好的耐久性和抗风化能力，被广泛应用于建筑物的外墙和地面装饰，在雕刻领域也有一定的应用。

在测鱼镇周边地区，村民就地取材，将各种岩浆岩用于建筑和装饰。北孤村赵孤山旁，村民用当地收集到的岩石建造了一座假山景观，如图 3-7 所示。普通人看只是一些嶙峋的怪石，但如果你对岩石有所了解，就会发现它们全部是由岩浆岩堆砌在一起的。

图 3-7 测鱼镇周边居民就地取材利用岩浆岩建造的假山景观

3.1.2 灵寿地区麻棚岩体密码

我国北方地区有大面积的火山活动和岩浆侵入活动，这一期的造山运动属于燕山期，火山活动伴随燕山构造活动，多分布于太行山脉和燕山山脉，它们是多期次的火山和岩浆活动。其中，经过岩浆侵入作用而保留下来的地质遗迹，以灵寿县陈庄镇西北 10 km 处大庄上水库周边的麻棚岩体最为典型。

麻棚岩体整体形态似纺锤状，以岩株产出。长轴呈北东—南西向展布，长 14 km，宽 6 km，属中酸性侵入岩。岩石类型有花岗闪长岩、黑云母花岗岩、角闪二长花岗岩等，为中酸性的同源岩浆演化序列。该序列侵入岩呈同心环状复式岩体产出，各岩珠呈串珠状展布，其边部多为中性或中酸性岩石，中心部位为酸性岩石。其侵入时代为晚侏罗世—早白垩世，相当于燕山期，距今已 1 亿多年。

伟晶岩花岗岩如图 3-8 所示。该岩体是在麻棚岩体的边缘部位，岩体呈不规则脉状分布，属于脉

图 3-8 伟晶岩花岗岩 1

岩类，并成群产出。伟晶岩是岩浆在结晶的最后阶段形成的，由于结晶速度缓慢，会形成颗粒较大的晶体，如图3-9所示。岩石呈肉红色、灰白色，伟晶结构，块状构造。

图 3-9　伟晶岩花岗岩 2

伟晶岩花岗岩可为工业提供压电石英、云母等材料，为陶瓷玻璃工业提供石英、长石等原料。

花岗闪长岩如图3-10和图3-11所示。该岩体处于麻棚岩体的过渡相，为中酸性岩。花岗闪长岩呈浅灰色，全晶质、中粒结构，块状构造，主要矿物成分为石英、斜长石、钾长石。

图 3-10　花岗闪长岩 1

图 3-11　花岗闪长岩 2

黑云母花岗岩如图 3-12 所示。该岩体处于麻棚岩体的中心相，为酸性岩。岩石呈浅肉红色，中粗粒花岗结构，块状构造。主要矿物是石英、钾长石、斜长石，次要矿物为黑云母。

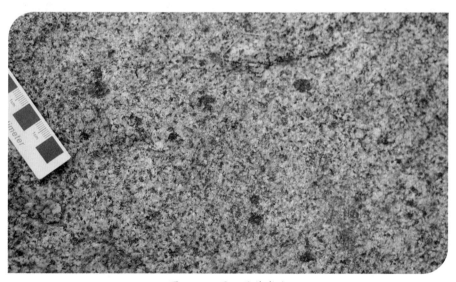

图 3-12　黑云母花岗岩

角闪二长花岗岩如图 3-13 所示。该岩体处于麻棚岩体的中心相，为酸性岩。岩石呈粉红色-肉红色（见图 3-14），粗粒似斑状结构，块状构造，主要矿物成分为钾长石肉红色、斜长石乳白色、白色矿物石英、暗色矿物黑色长柱状角闪石，次要矿物质成分为片状黑云母，副矿物为锆石。

图 3-13　角闪二长花岗岩 1

图 3-14　角闪二长花岗岩 2

　　侵入岩体，根据其和围岩的接触关系，可以分为整合侵入体的产状和不整合侵入体的产状。岩床为岩浆沿岩石层面形成与地层产状相整合的板状侵入体。岩墙为切穿围岩层理的板状不整合侵入体，厚度较为稳定，近于直立，为岩浆沿断裂灌入的产物。岩床、岩墙示意图见图 3-15。灵寿陈庄地区辉绿岩墙如图 3-16 所示。岩脉为规模比较小、形态不规则、厚度小且变化大、有分叉及复合现象的脉络状不整合岩体。测鱼镇峪沟水库附近石英脉体侵入如图 3-17 所示。

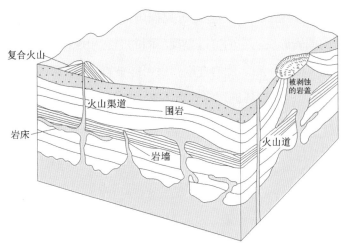

图 3-15　岩床、岩墙示意图

图 3-16　灵寿陈庄地区辉绿岩墙

图 3-17　测鱼镇峪沟水库附近石英脉体侵入

此外，在陈庄地区的花岗岩内，多处可见捕房体（见图 3-18）。捕房体是指在岩浆侵入过程中被捕获的围岩碎块。它们可以呈现不同的形态和规模，并且它们的构造方向通常与围岩整体的构造方向不一致。围岩在崩落后可能被岩浆熔化和交代，大多数围岩最终会被熔化，但仍有少数可能在岩体的边缘残留下来，这些通常是分布在岩浆边缘的部分（见图 3-19、图 3-20）。根据岩性的不同，捕房体可以分为长英质岩类捕房体和超镁铁质岩捕房体。

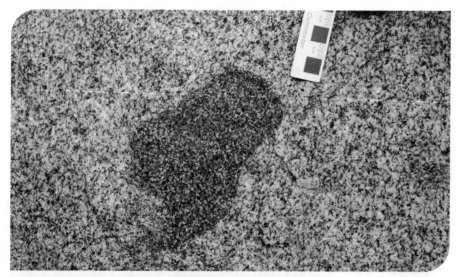

图 3-18　灵寿陈庄地区捕房体 1

图 3-19　灵寿陈庄地区捕房体 2

图 3-20　灵寿陈庄地区捕房体 3

3.2　水成作用形成的岩石密码

已知的沉积岩最老年龄约为 36 亿年，在俄罗斯的科拉半岛被发现；而有生命记载的岩石年龄约为 31 亿年，在南非被发现。可以说，沉积岩是研究地球发展和演变进程不可缺失的宝贵材料。沉积岩在地球上分布面积很广。大陆表面约有 75% 的面积被沉积岩覆盖；而目前已探明的海洋底部也几乎全部为沉积岩所覆盖。可以说，地球的绝大部分表面是被沉积岩包裹的。石家庄周边地区，也出露有大量不同性质的沉积岩。它们或成为举世闻名的自然景区，被众人啧啧称奇；或如隐士般默默横亘在人迹罕至的山林之间，享受着阳光雨露。在这里为大家介绍几种常见且典型的沉积岩，在对岩石剖析的过程中穿梭时光，去感受亿万年前的地球。

3.2.1　碎屑物质和胶结物质形成的岩石

陆源碎屑岩类是大陆区的各种母岩经风化作用机械破碎形成的碎屑物质，在原地或经过风、水等搬运，在适当的沉积环境胶结而成的岩石。此类岩石一般由碎屑物质和胶结物质两大部分组成，其中碎屑物质含量在岩石中占 50% 以上。按照碎屑粒度大小可进一步划分为粗碎屑岩、中碎屑岩、细碎屑岩。陆源碎屑岩类是沉积岩中分布很广的一类岩石，数量仅次于黏土岩类。

3.2.1.1 测鱼地区密码——角砾岩、底砾岩

粒度大于 2 mm 的碎屑含量在 50% 以上，与其他物质胶结所形成的岩石称为粗碎屑岩。粗碎屑岩中以岩屑为主，被化学沉淀物质胶结，碎屑颗粒间的孔隙常被砂质及黏土物质填充。碎屑类物质一般搬运不远，产生分选作用。

测鱼周边地区出露的粗碎屑岩类有角砾岩、底砾岩，如图 3-21 所示。角砾岩是碎屑 50% 以上为棱角状和次棱角状的岩石，未经搬运或短距离搬运后快速堆积的产物，主要矿物为石英、岩屑。底砾岩是成分较为简单、磨圆度高、分选好、以坚硬砾石为主的岩石，如图 3-22 所示，主要矿物为石英、岩屑。底砾岩的出现，代表着长期沉积间断后另一个新的沉积时期的开始。

图 3-21 测鱼周边地区出露的粗碎屑岩

砾岩经常是重要的含水层，是寻找水资源的有力对象。砾岩还是石油和天然气的储集层，在地质和能源勘探中有很大的研究意义。砾岩也可作为建筑材料和铺路材料，以及混凝土中的拌料。

图 3-22　测鱼周边地区的底砾岩

3.2.1.2　嶂石岩、天台山密码——砂岩

中碎屑岩是指碎屑粒度大小在 2～0.05 mm，且含量大于 50% 的碎屑岩类，又称为砂岩。按照碎屑粒度大小可进一步划分为粗粒砂岩（粒度 2～0.5 mm）、中粒砂岩（粒度 0.5～0.25 mm）、细粒砂岩（粒度 0.25～0.05 mm）。碎屑物质既有岩石碎屑，也有矿物碎屑；既可以来源于岩浆岩、变质岩，也可以来源于先前的沉积岩。砂岩类型众多，每个类型都有各自的特征，但基本上都由砂粒、杂基和胶结物组成，有时会混入一定的砾石和粉砂。

石英砂岩是砂岩的一种主要类型，主要成分为碎屑石英，其含量大于 75%，长石和岩屑均不超过 25%。在此主要介绍石家庄周边地区闻名于世的石英砂岩——嶂石岩石英砂岩，以及邢台临城天台山地区的石英砂岩。

赞皇县位于太行山中南段深山处，分布着中国三大砂岩地貌之一的嶂石岩地貌，直立着像屏障的山峰。嶂石岩地貌形如其名，绵延数十里，赤壁丹崖，如屏如画。此区域主要分布的岩石性质呈"三明治"结构：最上部为灰岩，中间为石英砂岩，底部为泥岩或泥质砂岩，如图 3-23 所示。而构成嶂石岩地貌"万丈红绫"之景的正是这些巨厚层状红色石英砂岩。

图 3-23　底部泥质砂岩及覆盖其上的石英砂岩

石英砂岩呈砖红色，砂状结构，层状构造，主要成分为石英，颗粒占 90% 以上，质地较硬，抗侵蚀能力强。在其底部分布着泥质砂岩，质地较软，抗侵蚀能力弱。这种差异风化作用使得岩石底部逐渐被横向掏蚀，形成天然特有的岩廊景色，如图 3-24 所示。

图 3-24　岩廊

在红色石英砂岩中，局部可见白色填充物，呈规则球形分布，酷似一轮明月，当地人称为月亮石，如图 3-25 所示。该圆形填充物疑似为古生物遗迹化石，有待于进一步研究。

图 3-25　月亮石

　　天台山地区位于邢台市临城县，距崆山白云洞景区西北 8 km，同样出露有大面积的紫红色石英砂岩，如图 3-26 所示。该地形成了特有的丹霞砂岩地貌，岩峰和峭壁具有顶平、壁陡、坡斜、树茂的特点。因山体挺拔参天，顶平如台小巧玲珑，奇特多变，景色丰富多样而得名。该地区石英砂岩呈砖红色，砂状结构，层状构造。在沉积过程中，保留的波痕构造如图 3-27 所示。石英砂岩主要成分为石英，石英颗粒占 90% 以上，质地较硬，如图 3-28所示。

图 3-26　天台山地区石英砂岩 1

图 3-27　天台山地区石英砂岩及波痕构造

图 3-28　天台山地区石英砂岩 2

3.2.1.3　灵岩寺密码——页岩

白鹿泉灵岩寺周边出露有页岩，是黏土岩类的代表性岩石，如图 3-29 所示。页岩呈土黄色，泥质结构，页理构造。页岩成分复杂，主要包括高岭石、伊利石、蒙脱石和混层黏土等黏土矿物，在手标本中由于黏土矿物粒度细小而难以辨别。页岩表面光泽暗淡，硬度低，用硬物击打易裂成碎片，如图 3-30 所示。

页岩是由黏土物质经压实、脱水、重结晶作用后形成的，抵抗风化能力弱，在地形上往往因侵蚀形成低山、谷地。页岩致密不透水，在地下水分布中往往成为隔水层。

图 3-29　灵岩寺周边的页岩

图 3-30　灵岩寺周边页岩的页理构造，被严重风化

　　此外，在测鱼周边地区，可见紫红色页岩，如图 3-31 所示。由于质地较软，容易被风化。

　　页岩等黏土岩类是石油储集层的盖层，对于石油等能源资源的探究具有重要意义；同时是重要的陶瓷原料、耐火原料、石油及纺织品等的去污剂、一些化工产品的原料等。近些年，在一些碳质页岩中，发现了一些含镍、钼、铀等稀有元素矿床。

图 3-31　测鱼周边地区的紫红色页岩

3.2.2　海洋湖泊形成的岩石密码

碳酸盐岩是一种主要由沉积的碳酸盐矿物组成的岩石，在地壳中的分布仅次于陆源碎屑岩。在我国，沉积岩的覆盖面积占全国总面积的 75%，而碳酸盐岩则占到沉积岩覆盖面积的 55%。可以说，出露的碳酸盐岩类的沉积岩面积几乎占据了我国的半壁江山。碳酸盐岩主要是海洋环境的产物，而其诞生要归功于白垩纪后大量繁殖的古海洋生物。碳酸盐岩主要有两大类型，分别是方解石含量大于 50% 的石灰岩和白云石含量大于 50% 的白云岩。

3.2.2.1　挂云山密码——石灰岩和白云岩

竹叶状砾屑石灰岩（见图 3-32），简称竹叶状石灰岩，属于寒武系和奥陶系的内砾屑石灰岩。整体灰白色，砾屑大小不一，磨圆度高，呈椭圆或扁圆状，表面有一圈呈紫红色的氧化铁质圈，切面为长条形，酷似竹叶，因此得名，如图 3-33 所示。泥晶结构，竹叶状构造。砾屑主要成分为泥晶方解石，胶结物和填充物为微晶或细晶方解石，占 30%～40%。

图 3-32　挂云山竹叶状砾屑石灰岩 1

图 3-33　挂云山竹叶状砾屑石灰岩 2

　　竹叶状石灰岩是在正常的浅水海洋中形成的薄层石灰岩，在其刚形成后不久，有的可能尚处于半固结状态，被强烈的水动力破碎、搬运和磨蚀，泥灰被冲刷走，并搬运至不太远的地方，在水动力条件相对较弱的环境下堆积下来，内碎屑被亮晶方解石胶结，经过黏合挤压，慢慢形成岩石。随后又经地壳运动、沧海变迁，这些合成石块在地壳的变化中露出地面，逐渐变成今天的模样。

　　含泥质条带石灰岩如图 3-34 所示。岩石整体呈灰色，泥质条带呈土黄色，微晶结构，条带状构造，主要矿物为方解石和黏土矿物。可以理解为竹叶状石灰岩的前身，即含泥质条带石灰岩在湖海环境下形成时，石灰岩中混入的黏土类物质呈条带状产出，石灰岩层与泥质层相互叠置，由于沉积环境动荡，从而使石头布满了纹理，如图 3-35 所示。

图 3-34　挂云山含泥质条带石灰岩 1（土黄色为泥质条带）

图 3-35　挂云山含泥质条带石灰岩 2（土黄色为泥质条带）

此外，挂云山也可见具有"刀砍纹"溶沟的白云岩，如图 3-36 和图 3-37 所示。"刀砍纹"溶沟如皱纹般刻满岩石的表面，见证着世事沧桑。

图 3-36　挂云山白云岩的"刀砍纹"溶沟 1

图 3-37　挂云山白云岩的"刀砍纹"溶沟 2

　　石灰岩也属于碳酸盐岩类，同样会发育微裂隙，那为什么石灰岩表面就不形成"刀砍纹"溶沟呢？石灰岩的主要矿物是方解石，白云岩的主要矿物是白云石。由于方解石与白云石相比，溶解度更高，石灰岩在地表环境下更容易溶解，甚至经常出现的露水、潮气都可以导致其溶解，因此微裂隙导致的差异就可以忽略不计。

　　白云岩经适当煅烧后，可加工制成白云灰，具有洁白、黏着力和凝固力强，以及良好的耐火、隔热性能，适于做内外墙涂料。白云岩在建筑行业中可用作水泥以及玻璃、陶瓷的配料，它能增加玻璃的强度和光泽。在冶金工业中，白云岩常作为炼铁和炼钢的熔剂，也可作为耐火材料使用。由于白云岩中富含镁元素，在化学工业中利用白云岩生产金属镁和镁化合物，在农业中可制造钙镁磷肥、粒状化肥等。此外，也可用作陶瓷、玻璃配料和建筑石材。

3.2.2.2　抱犊寨密码——石灰岩

抱犊寨位于石家庄市鹿泉区西郊，距石家庄市区约 16 km，是一处集历史人文和自然风光于一体的名山古寨。它东临华北平原，西接太行群山，一峰突起，峥嵘雄秀，蔚为壮观。四周皆是悬崖绝壁，远望犹如巨佛仰卧，如图 3-38 所示；山顶却平旷坦夷，有良田沃土，草木繁茂，恍如世外桃源。抱犊寨南天门如图 3-39 所示。

图 3-38　抱犊寨的悬崖绝壁

图 3-39　抱犊寨南天门

石灰岩构成了抱犊寨的悬崖绝壁奇观。在抱犊寨可见的石灰岩多为灰色或灰白色，根据沉积环境不同，在此发育有豹皮石灰岩、鲕状石灰岩等类型。

豹皮石灰岩如图 3-40 和图 3-41 所示。其表面整体呈灰白色，具有黄色不规则的斑纹，形似豹的皮肤，故名豹皮石灰岩。隐晶结构，豹皮状构造。基质部分为隐晶质方解石，斑纹部分含有较多的白云石。它是石灰岩在成岩过程中发生白云石化作用而形成的，白云石化作用常选择石灰岩中渗透性较好含颗粒的条带或斑块进行。

图 3-40　抱犊寨的豹皮石灰岩 1

图 3-41　抱犊寨的豹皮石灰岩 2

3.2.2.3 西部长青密码——白云岩和石灰岩

白云岩和石灰岩是非常有趣的一组岩石。它们的岩石成分有着本质区别，石灰岩中方解石的含量大于50%，而白云岩中白云石的含量大于50%；却有着非常相似的化学成分（同属于碳酸盐岩类）、岩石结构分类和命名原则。甚至在有些情况下，两种岩石会纠缠在一起，形成石灰质白云岩和白云质石灰岩等类型的岩石，颜色、结构、构造、成分特征都十分相似，即使是非常有经验的地质学家，有时也很难仅凭肉眼将它们进行区分。

所以，在对它们进行鉴别时，经常借助5%或10%的稀盐酸，将其滴加在岩石的新鲜面上，根据起泡程度来进行岩石类别的鉴别。其中，剧烈起泡并发出"吱吱"响声的岩石为石灰岩；白云质石灰岩起泡很快，但响声不大；石灰质白云岩只有微弱起泡，基本没有响声；白云岩则在新鲜面上不起泡或起泡极弱，只有将白云岩碾成粉末或加热稀盐酸时，起泡才会较为剧烈。

在西部长青地区，可见发育有大量硅质结核白云岩（见图3-42）和硅质条带白云岩（见图3-43）。白云岩风化面呈灰色，新鲜面呈灰白色，亮晶结构，块状构造，主要成分为白云石和方解石。硅质条带呈褐黄色，放射条带状分布。

在各种自然条件作用下，在白云岩表面会形成非常特殊的纵横交错的溶沟纹路，俗称"刀砍纹"，如图3-44和图3-45所示。"刀砍纹"是白云岩差异风化的结果。碳酸盐岩类岩石的一大特征是岩石成分容易被水溶解，称为溶蚀现象。白云岩表面岩石成分含量分布不均匀，有些地方被溶蚀形成微裂隙。雨水落到岩石表面易蒸发，表面很快干燥，但

图 3-42 西部长青地区的硅质结核白云岩

图 3-43　西部长青地区的硅质条带白云岩

图 3-44　西部长青地区白云岩的"刀砍纹"溶沟

图 3-45　西部长青地区白云岩中的"刀砍纹"溶沟、结核构造

微裂隙中的雨水由于与空气接触面积小，蒸发时间会滞后很多，这样就会造成裂隙表面溶解时间延长，这种差异最终导致"刀砍纹"的形成。而暴露时间越长，岩石表面形成的溶沟就会越明显。

3.3　温度压力作用下形成的岩石密码

变质作用是在地壳形成和发展的过程中，已经形成的岩石，由于地质环境的改变，物理化学条件发生了变化，促使岩石发生矿物成分以及结构构造的变化。变质作用不同于沉积作用，沉积作用常发生在常温常压的地表或近地表，变质作用是在较高的温度和一定的压力下进行的。变质作用也不同于岩浆作用，岩浆作用以流体状态为主；而变质作用大多是在固体状态下进行的，有时会伴有化学成分的变化，在特殊条件下使岩石产生重熔。

变质岩就是经过变质作用形成的岩石。变质岩中赋存有大量的金属与非金属矿产，其中铁矿的储量尤为丰富，如著名的鞍山铁矿就产于变质岩中。另外，在河北省冀东油田变质岩地层中发现了油气藏，为寻找油气后备资源开辟了新领域。

石家庄周边地区变质岩类型众多，在此选取一些代表类型进行介绍。

3.3.1　灵寿陈庄密码——条带状混合岩

条带状混合岩可见于石家庄市灵寿陈庄周边地区，如图 3-46、图 3-47 所示。混合岩呈灰色，粒状变晶结构，条带状构造，主要由浅色花岗质条带和暗色片麻岩条带组成。可明显看到岩石由两部分组成：一部分是在混合岩形成之前就存在的区域变质岩，称为基体，一般是由变质程度较高的各种片岩、片麻岩和斜长角闪岩组成的，颜色较深；另一部分是后期侵入的熔体或热液中沉淀的物质，也可以是热液注入、交代而形成的岩石，称为脉体，其成分是石英、长石，颜色比较浅。脉体厚度不大且较均匀，在基体中可平行延伸很远。该岩体因为脉体呈现条带状贯入到基体中，呈现出明显的条带状构造。脉体和基体的相对含量和空间分布关系是混合岩分类的依据。

图 3-46　灵寿陈庄周边地区的条带状混合岩 1

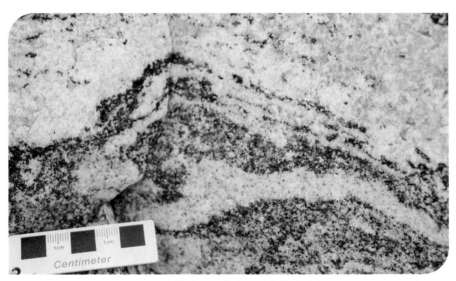

图 3-47　灵寿陈庄周边地区的条带状混合岩 2

　　条带状混合岩是在变质作用向岩浆作用过渡过程中产生的超深变质作用下形成的。灵寿陈庄周边地区内区域地质作用进一步发展，地壳内部热流量增大，动力地质作用增强，产生的深部热液和岩石熔融形成酸性重熔岩浆，沿着已经存在的区域变质岩的裂隙或者片理渗透、扩散、贯入，并发生一系列化学反应，形成新的岩石，这种新的岩石就是混合岩，如图 3-48 所示。条带状混合岩可用作建筑石材，也可用于科学研究。

图 3-48　灵寿陈庄周边地区的条带状混合岩 3

3.3.2　灵寿陈庄密码——花岗片麻岩

　　花岗片麻岩可见于石家庄市灵寿陈庄周边地区。花岗片麻岩远景如图 3-49 所示。花岗片麻岩呈浅肉红色，中粗粒变晶结构，片麻状构造。主要矿物成分：钾长石，呈肉红色，粒度 2～5 mm，变晶结构，含量占 40%；斜长石，乳白色，含量占 20%；石英，粗粒变晶结构，含量占 25%；岩石中伴随有部分平行定向排列的、呈断续带状分布的片状黑云母和柱状角闪石等暗色矿物，占 15%，其中的片状黑云母呈鳞片变晶结构，柱状角闪石呈纤维变晶结构，如图 3-50 所示。花岗片麻岩属于区域变质岩类，主要用作建筑材料。

图 3-49　灵寿陈庄周边地区的花岗片麻岩远景

图 3-50　灵寿陈庄周边地区的黑色矿物和浅色矿物定向排列的花岗片麻岩

3.3.3　灵寿陈庄密码——混合花岗岩

混合花岗岩可见于石家庄市灵寿陈庄周边地区。混合花岗岩如图 3-51 所示，呈灰白色，粗粒花岗变晶结构，迷雾状构造。矿物成分主要为石英、长石和黑云母。其中，石英呈他形粒状变晶结构，大小不一，粒度 1~4 mm，局部为石英集合体，含量占 30% 左右；斜长石，呈灰白色、浅灰色，半自形板状结构，粒度 1~3.5 mm，含量占 20% 左右；钾长石，呈灰白色、浅肉红色，不规则粒状，可见解理，粒度 1~4 mm，含量占 40% 左右；黑云

图 3-51　灵寿陈庄周边地区的混合花岗岩 1

母呈现褐黑色，鳞片变晶结构，杂乱分布，含量占 10% 左右，黑云母局部富集，组成阴影状构造或迷雾状构造，如图 3-52 所示。混合花岗岩可用作建筑、装饰材料。

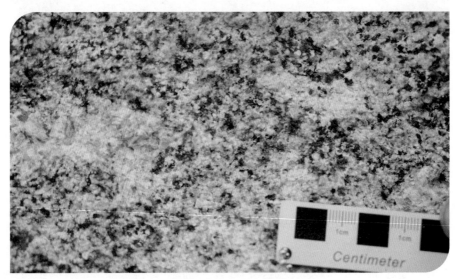

图 3-52　灵寿陈庄周边地区的混合花岗岩 2

混合花岗岩是变质作用向岩浆作用过渡到超深变质的过程中所形成的，是由强烈混合岩作用形成的外表类似花岗岩的一种混合岩。其特征是，岩性比较均匀，与岩浆成因的花岗岩很相似，局部仍可见残留阴影构造和不明显的片麻状构造，有时可见原来变质岩的残留体，其片理、产状与混合花岗岩的片麻理及围岩的产状基本一致。它是混合岩化作用最强烈时的产物，可以由渗透交代作用形成，也可以由重熔（溶）交代作用形成，原来岩石的宏观特征完全消失，新的岩石成分及特征与花岗岩相当，是花岗岩形成的一种重要途径。

3.3.4　测鱼地区密码——变质长石石英砂岩

变质长石石英砂岩可见于测鱼镇峪沟水库周边地区。变质长石石英砂岩如图 3-53 所示，呈暗红色，变余砂状结构，块状构造，主要成分为石英、长石等。其原岩为砂岩，粒度较小，砂岩颗粒容易被溶解，石英在地下受热和压力作用下重新结晶，经过变质作用而形成，属于接触变质岩类。因有压力影响，会略微产生方向性一致的扁平化变形。变质长石石英砂岩颗粒大，肉眼能看得十分清楚，是变质岩中颗粒较大的，摸起来感觉非常粗糙而坚硬。岩石中可见黑色条纹状的石英脉和磁铁矿，如图 3-54 和图 3-55 所示。

图 3-53　测鱼镇峪沟水库周边地区的变质长石石英砂岩

图 3-54　变质长石石英砂岩中的石英脉

图 3-55　变质长石石英砂岩中的磁铁矿

苍岩山周边地区，同样可见含暗色磁铁矿的变质长石石英砂岩，如图3-56所示。

图 3-56 苍岩山周边地区的变质长石石英砂岩

变质长石石英砂岩用途广泛，可用来制作地板、墙板、雕塑等建筑和装饰材料；因其高硬度、低电阻率的特点，也广泛应用于精密仪器的制造；因其耐高温的特性，也可当作矽砖与瓷砖等耐火砖原料。同时，它也是很好的建筑用石，在水泥生产制造中可提高水泥的强度和耐久性。

3.3.5　苍岩山密码——千枚岩

千枚岩可见于苍岩山周边地区，如图3-57和图3-58所示。千枚岩属于区域变质岩类，在低级变质作用下形成，重结晶程度比板岩高，具有丝绢光泽，是典型的千枚状构造，粒度很细，肉眼难以观察，放大镜下可见粒状鳞片变晶结构。岩石由细小的绢云母和绿泥石定向排列而成，具有良好的方向性构造。原岩为泥质沉积岩，但几乎全部变质、重结晶形成新生矿物。

千枚岩是一种耐磨、耐风化的岩石，主要用于建筑、路基和道路等工程中。其坚硬度高，不容易受到外界环境的侵蚀，可保持长时间的稳定性。同时，它也可用作磨刀石或烧制陶粒、陶瓷原料的配料等。

图 3-57　苍岩山周边地区的千枚岩 1

图 3-58　苍岩山周边地区的千枚岩 2

3.3.6　苍岩山密码——石英岩

石英岩可见于苍岩山周边地区，呈肉色，粒状变晶结构，块状构造。石英岩主要矿物成分为石英，含有少量磁铁矿、长石、云母。矿物粒度很少大于 0.2 mm，是由石英砂岩或其他硅质岩石经过区域变质作用、重结晶而形成的，如图 3-59 所示。

图 3-59　苍岩山周边地区的石英岩

石英岩具有硬度高、吸水性较差、颗粒细腻、结构紧密等特性，是常用的建筑石材。它也是制造玻璃、陶瓷、冶金、化工、机械、电子、橡胶、塑料、涂料等行业的重要原料，还可用作炼钢用耐火材料。

道家创始人老子曾言："道生一，一生二，二生三，三生万物。"地球也曾从虚空混沌中诞生，从尘埃凝结成星球，自转，冷却，形成圈层，产生大气。化学元素结合成矿物，矿物组成岩石，岩石形成地层，地层接受风吹、日晒、雨淋、水浸。经过46亿年的成长，岩浆冷却，碎屑沉积，变质结晶，千百种物质偶然间的组合，造就出今天这般斑斓绚丽、月夕花朝的模样。人类最终进化出现在这片土地上，繁衍生息，取之于地球，用之于地球。地层如同书页般记录着地球的诞生和成长，人类还在努力地翻阅研究这本地球的无字天书，破解密码，研读历史，让埋藏在地球深处的秘密重见天日。在浩瀚的宇宙星空中，地球承载着万物，延续文明的星星之火。

第4章
石门的鬼斧神工

　　在距今46亿年前，婴儿时期的地球从一颗颗原始的太阳星云中聚积诞生，化身成一个炽热的熔融球体。经过10亿年的漫长岁月，地球进入它的童年时期，流动的外表逐渐冷却，形成如今坚硬冰冷的地球外衣——地壳。在随后的历史长河中，大自然不断施展着它的魔法，坚硬的地壳岩石在大自然面前被拉伸揉皱，变化出地球上千姿百态的地质景观。

构造作用是由于地壳或者岩石圈发生运动而造成的。在通常状态下，构造作用极其缓慢，很难被人直接察觉；而地球偶尔也会"发脾气"，在地震、火山喷发等自然现象发生的时候，又会使构造作用变得快速而激烈。构造作用按照运动方向分为水平运动和垂直运动。水平运动使地壳相邻块体间分离、汇聚或剪切错开；垂直运动则是地壳的差异性抬升或下降，一些地区经过抬升变成高地或山岭，另一些地区下降变成盆地或者平原。"沧海桑田"就是古人对地壳垂直运动的一种描述。

原始形态的沉积岩层一般呈现水平状态，并且在一定范围内连续分布。而时快时慢的构造作用，水平方向和垂直方向应力的各种作用，可以使水平的岩层变得倾斜甚至弯曲，或者使连续的地层被错动或断开，甚至使完整的岩层变得支离破碎。

石家庄市地处河北省中南部，横跨华北平原和太行山地两大地貌。西部地处太行山中段，东部为滹沱河冲积平原，地势东南低、西北高，地貌十分复杂。既有连绵起伏的群山奇观，又有一览无余的平原景色。下文主要介绍沉积地层的形成过程和形成后所产生的各类地质构造现象。我们将和大家一起探索石门这片土地上形态各异的构造景观，欣赏大自然这位魔术师的精彩表演。

4.1 自然力的神奇作用

大自然经过时间大师的精雕细琢，形成自然界的独特现象，美不胜收。

风化作用主要使原岩发生机械破碎，但没有改变化学成分。引起物理风化作用的因素多样，温度、重力、水、冰、风、生物活动等均可对岩石造成破坏，使岩石崩碎瓦解，产生岩石碎屑和矿物碎屑等物质。温度使岩石物理风化，如图4-1所示。岩石物理风化产生碎屑，如图4-2所示。白鹿泉地区和测鱼地区岩石物理风化现象分别如图4-3和图4-4所示。

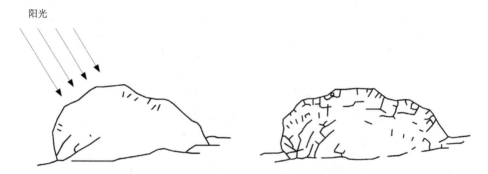

图 4-1　温度使岩石物理风化示意图

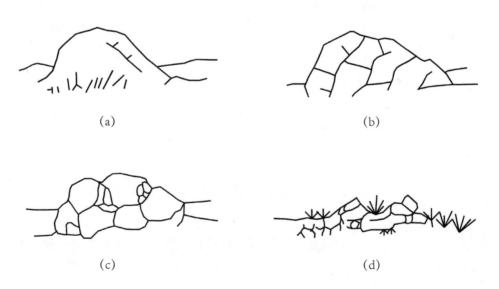

图 4-2　岩石物理风化产生碎屑过程示意图

图4-3　白鹿泉地区遭受物理风化而破碎的石灰岩

图4-4　测鱼地区遭受物理风化而破碎的页岩岩屑

4.1.2　以柔克刚——植物根劈作用

　　生物风化作用是生物特别是微生物对原岩形成的破坏，破坏方式多样。机械作用包括根劈作用，如图4-5和图4-6所示；生物化学作用包括植物、细菌分泌的有机酸对岩石的腐蚀作用。根劈作用可使树根生长对岩石的压力超过岩石的承受极限，深入岩石裂缝，劈开岩石；植物根分泌出的有机酸，也可以分解破坏岩石。

图 4-5　天台山地区根劈作用形成的岩石裂隙

图 4-6　抱犊寨地区根劈作用形成的岩石裂隙

4.1.3　凹凸不平形态——差异风化

　　在地面出露且存在的抗风化性能不同的岩石，因风化、剥蚀程度的不同，在形态上会表现出凹凸不平或参差不齐的现象。其根本原因是不同矿物的差异风化，又称差别风化或选择风化。测鱼镇地区、苍岩山地区可见到差异风化明显的砂岩，经过差异风化后的岩石表面布满孔洞，形似蜂窝，如图 4-7～图 4-9 所示。差异风化也是嶂石岩地貌形成的主要因素，如图 4-10 所示。

图 4-7　测鱼镇地区的差异风化 1

图 4-8　测鱼镇地区的差异风化 2

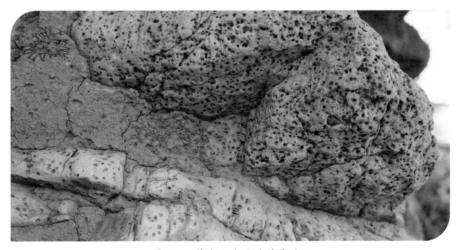

图 4-9　苍岩山地区的差异风化

图 4-10 嶂石岩地区的差异风化

4.1.4 时间的雕刻刀——球状风化

当岩石的一部分出露地表后，就会受到风化作用。刚开始时，岩石的棱角也是非常分明的，但"木秀于林，风必摧之"的道理同样可以运用到岩石上。在立体的空间上，岩石突出的角受到三个方向的风化，棱边受到两个方向的风化，而面上只受到一个方向的风化，所以角和棱边被一层层地逐步剥离、缩小，最终露出的部分就像镶嵌在岩层中的球面，但被周围的岩层覆盖包裹的部分仍然是不规则的形态，不过，在下渗的流水侵蚀下，也逐渐与周围不同质地的岩屑分离。当它们从周围的岩层中完全脱离露出地表后，就会接受同样的风化方式，变得整体趋向球形，如图 4-11 所示。

在裂隙发育和粒度不均匀的岩浆岩或厚层砂岩表面，多具有因风化而成球形表面的趋势，经常形成球形或椭球形的岩石表面，这些现象及过程称为球状风化。球状风化是物理风化和化学风化联合作用的结果，球状风化特写与整体球状风化分别如图 4-12 和图 4-13 所示。

图 4-11 西山森林公园的球状风化

图 4-12 陈庄地区的球状风化特写

图 4-13 陈庄地区的整体球状风化

　　碎屑物质在流水、大气、风等因素作用下，会被搬运至其他地方；在一定条件下，也会停止搬运转而进入沉积状态。这个过程是沉积物的主要形成阶段。天台山岩石在形成时留下的水流及岩石搬运形成的刻痕如图 4-14 所示。

图 4-14　天台山岩石在形成时留下的水流及岩石搬运形成的刻痕

　　一些溶解度较大的化学物质形成水溶液，其搬运和沉积主要受水溶液的酸碱度影响。另一些化学物质溶解度较小，形成胶体溶液，而胶体往往带有正电荷或负电荷。在搬运过程中，一些胶体的正、负电荷作用使电荷中和，从而结合凝聚变大形成沉淀。在溶液中，难溶物质先沉淀，易溶物质后沉淀。石笋、石幔等喀斯特地貌的形成就是滴水的化学沉积作用，形成碳酸钙沉淀，也是流水作用的结果。崆山白云洞石幔的流水刻痕如图 4-15 所示。

图 4-15　崆山白云洞石幔的流水刻痕

4.2 形态各异的构造形态

经过以上的沉积过程和沉积作用，沉积岩形成沉积地层。在形成过程中和形成之后，又受到各种外力和内力的作用，就演化成如今所见到的各种地质构造。

4.2.1 水平构造

岩层水平或近于水平的状态，称为水平构造。水平构造大多出现于构造运动比较微弱的地区，地层几乎没有受到构造作用的影响。水平构造常见于平原，或是高原、盆地等地的中部。水平构造如图 4-16 和图 4-17 所示。千万年的风吹雨淋将顶部裸露的岩石冲碎吹散，形成上尖下粗的山峰形态。

图 4-16　石家庄西部抱犊寨景区石灰岩的水平构造

图 4-17 邢台天台山景区石英砂岩的水平构造

4.2.2 单斜构造

如果岩层向着某个方向倾斜且倾斜程度较大，则称为单斜构造，常见于背斜构造或向斜构造经过长期侵蚀作用而遭到破坏后的其中一翼。石家庄市赞皇县嶂石岩景区可见到分布广阔的单斜构造，如图 4-18 和图 4-19 所示，岩墙峭壁绵延数千米，是中国著名的三大砂岩地貌（丹霞地貌、张家界地貌、嶂石岩地貌）之一。单斜构造依然保持着上面岩层较新、下面岩层较老的正常地层层序。此外，在邢台天台山景区、石家庄西部长青公园也可见到单斜构造，如图 4-20～图 4-22 所示。

图 4-18　石家庄市赞皇县嶂石岩景区的单斜构造 1

图 4-19　石家庄市赞皇县嶂石岩景区的单斜构造 2

图 4-20　邢台天台山景区石英砂岩的单斜构造

图 4-21　石家庄西部长青公园的单斜构造

图 4-22　石家庄西部长青公园的单斜构造，远近岩层相映成趣

　　岩层因为受到强烈变形而变成近乎竖直的情况，称为直立岩层。此种情况较为少见，在石家庄西部抱犊寨景区可偶见近直立岩层，如图 4-23 所示。有时甚至会发生地层倒转，即岩层上老下新的情况，称为倒转层序，此种情况更为少见。

图 4-23　石家庄西部抱犊寨景区的近直立岩层

4.2.3　褶皱构造

岩层受到地球内部构造运动等地质作用影响，发生了塑性形变而产生了连续弯曲的形态，称为褶皱构造。岩层褶皱后，原有的位置和形态均易发生改变，但连续性未遭到破坏。褶皱的形态多样，大小不一，大的可达数千米，小的可在岩石手标本中见到。在石家庄白鹿泉地区的灵岩寺周边，可见到较复杂的褶皱构造，如图 4-24 所示。此外，在抱犊寨景区、挂云山地区、测鱼镇地区等地可见层内小型褶皱，如图 4-25～图 4-28 所示。坚硬的岩石在大自然面前像柔软的面团被挤压揉捏，形成"九曲十八弯"的自然景象。

图 4-24　石家庄白鹿泉地区的褶皱构造

图 4-25　石家庄抱犊寨景区的小型褶皱

图 4-26　挂云山地区的小型褶皱

图 4-27　测鱼镇地区的小型褶皱

图 4-28 测鱼镇地区的斜卧褶皱

褶曲是褶皱的基本形态。一般的褶皱构造有多个弯曲，而将只有一个弯曲的形态称为褶曲，因此也可以说，褶皱是褶曲的组合形态。褶曲的基本类型分为两种，如图 4-29 所示：一种称为背斜，是原始水平地层受力而向上弯曲形成凸起形态，其中心部位的岩层年代最老，最外侧的岩层年代最新；另一种称为向斜，是原始水平地层受力而向下弯曲形成凹陷形态，其中心部位的岩层年代最新，最外侧的岩层年代最老。

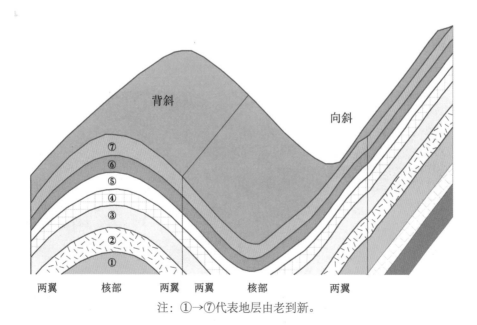

注：①→⑦代表地层由老到新。

图 4-29 背斜与向斜的构造模型示意图

背斜和向斜构造较为常见，但由于分布范围大小不一，肉眼一般可见的背斜或向斜构造规模较小。石家庄白鹿泉周边地区出露有向斜构造，如图 4-30 所示。岳家庄周边地区有背斜构造出露。此外，在抱犊寨景区等地有小型向斜和背斜构造出露。

图 4-30　石家庄白鹿泉周边地区的小型向斜构造

此外，还可见一些特殊褶皱类型。在韧性剪切带中发育有一种形态类似剑鞘的褶皱，称为鞘褶皱，如图 4-31 所示，是韧性剪切带中褶皱经剪切作用后，造成早期的褶皱枢纽弯曲、拉长而形成的。鞘褶皱的基本特征是：在垂直于褶皱长轴剖面上的形态以封闭的同心圆状或眼球状为典型，也有呈半封闭的"Ω"形；在平行 X 轴、垂直中间应变轴的剖面上为不对称的紧闭的倒转或等斜褶皱，并发育轴面面理，其上发育明显的拉伸线理，线理长轴平行于褶皱的长轴方向。鞘褶皱常成群出现。

图 4-31　测鱼镇地区的鞘褶皱

褶皱构造普遍存在，在找矿、寻找地下水、油气藏开发以及工程建设中，都需要对其进行研究。宽阔缓和的背斜中心部位往往是油气聚集的重要场所，世界上很多大型油气田都聚集在背斜构造顶部。煤矿等层状矿体经常被保存在向斜构造中。大规模的地下水也常被储集在缓和的向斜构造中。此外，背斜中心部位岩层容易断裂破碎，从而使得地基不稳固，因此在工程建设中必须避开这种构造部位。

4.2.4 断层构造

如果岩石受到的作用力的强度达到或超过岩石本身所能承受的强度，岩石将发生破裂变形，其连续性将遭到破坏，称为破裂构造，简称破裂。根据岩石破裂面两侧岩块相对位移的大小，破裂可分为断层和节理两大类。在此主要介绍断层，节理将在后文介绍。

断层构造，是指岩石破裂，并且沿破裂面两侧的岩块有明显相对滑动位移的断裂构造，在自然界中极为常见，如图 4-32 所示。断层面两侧发生相对位移的岩体，称为断（层）盘。当断层面倾斜时，位于断层面上方的称为上盘，位于断层面下方的称为下盘；也可根据两盘相对移动的关系，把相对上升的称为上升盘，把相对下降的称为下降盘。

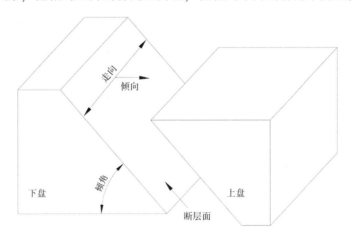

图 4-32　断层要素示意图

石家庄抱犊寨景区内断层构造发育，多处可见小型断层。在山上向远处眺望，甚至可见大型断层发育出的地堑构造，如图 4-33 所示。此外，在测鱼镇周边地区内，也可见小型逆断层，如图 4-34 所示。岩石像被利刃展开，错口分离，看似一个整体，却不再是一个整体。

图 4-33　石家庄抱犊寨景区由断层形成的地堑

图 4-34　测鱼镇周边地区的小型逆断层

　　研究断层构造对于找矿、寻找地下水、开发油气藏、建设水利工程等方面都十分重要。断层是矿液运输的通道，控制着矿体的形成和赋存部位。断层也是地下水循环的通道，在断层中经常赋存有丰富的地下水，很多地区寻找地下水源的成败就取决于能否找到断层。同时，断层也是油气资源迁移富集的通道，在进行油气资源勘探开发时必须查明断层构造。在工程建设中，须对地基进行勘察，尽量避开大的断层部位，保证工程的稳固性。

4.2.5 节理构造

岩石发生一些规则的破裂，但破裂面两侧岩块没有发生明显的相对位移，称为节理。节理的裂隙可以是空的，也可以被矿脉或方解石脉等岩脉填充。

节理对岩石的风化和剥蚀有重要的控制作用。节理密集的岩石易于风化，在合适的条件下可以形成非常奇特的地质景观，造就出优美的风景。在石家庄嶂石岩景区、测鱼镇周边地区、西部长青公园、邢台天台山景区等均发育有明显奇特的节理构造。赞皇县嶂石岩景区节理构造景观如图 4-35 和图 4-36 所示。

图 4-35　赞皇县嶂石岩景区的节理构造景观 1

图 4-36　赞皇县嶂石岩景区的节理构造景观 2

在测鱼镇周边地区、西部长青公园周边地区、邢台天台山景区、西山森林公园、龙泉古寺、灵寿陈庄等地，也多见发育节理形成的自然景观，犬牙交错，纷繁复杂，如图 4-37～图 4-42 所示。

图 4-37　测鱼镇峪沟水库变质含砾长石石英砂岩节理构造

图 4-38　西部长青公园周边地区的岩浆岩柱状节理构造景观

图 4-39　西部长青公园周边地区的发育节理构造

图 4-40　天台山景区的节理构造与泥裂共生的景观

图 4-41　天台山景区形如方格纸般的节理构造

图 4-42　灵寿陈庄周边地区岩浆岩的节理构造

4.3 地层接触关系

地层间的接触关系，能够直接反映出地壳运动在时间和空间上的演化过程。不同时间、不同地点的地壳运动性质和特点也不尽相同。观察地层间的接触关系，可以了解地质构造的形成过程和地壳运动的发展历史。

4.3.1 整合接触

地层在正常情况下，下伏地层的地质年代较老，上覆地层的地质年代较新，也就是新形成的地层会盖在老地层之上。如果同一地区的上下两套新老地层，地层的延伸方向、倾斜方向、倾斜角度和构造形态一致，沉积过程是连续或逐渐变化的，这种关系就称为整合接触，如图 4-43 所示。说明此地区的地壳在两套地层的沉积过程中，处于持续的缓慢下降状态；或者即使有抬升，沉积作用也未间断。

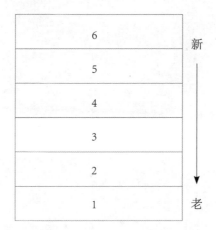

图 4-43　整合接触示意图

4.3.2 不整合接触

地壳运动的影响，使得同一地区的上下两套地层之间有明显的沉积间断，缺失部分地层，此类接触关系称为不整合接触。沉积间断面称为不整合面。不整合接触主要分为两种类型，即平行不整合和角度不整合。

4.3.2.1 平行不整合

如果两套地层之间发生了沉积间断，其间缺失了某一个或某几个时代的地层，但它们的延伸方向、倾斜方向、倾斜角度一致，则称为平行不整合。平行不整合的形成过程为：地壳下降接受沉积形成沉积地层，随后经过地壳平缓上升运动，表层岩石遭受自然中各种剥蚀，形成沉积间断，再下降接受新的沉积过程，如图 4-44 所示。

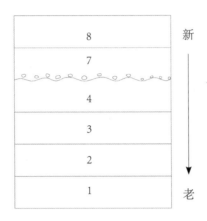

图 4-44　平行不整合示意图

4.3.2.2 角度不整合

如果两套地层之间发生了沉积间断，其间缺失了某一个或某几个时代的地层，而且它们的延伸方向、倾斜方向、倾斜角度也不相同，则称为角度不整合。角度不整合的形成过程为：地壳下降接受沉积形成沉积地层，随后经过地壳褶皱抬升运动，表层岩石遭受自然中各种剥蚀，形成沉积间断，再下降接受新的沉积过程，如图 4-45 所示。

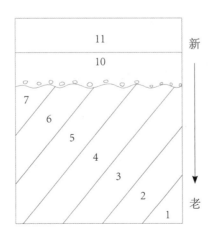

图 4-45　角度不整合示意图

117

在测鱼镇峪沟水库周边地区，可观察到中元古界长城系地层和下元古界滹沱系岩层的角度不整合接触，如图 4-46 和图 4-47 所示。其中，上部水平沉积地层为中元古界长城系地层，下部地层为下元古界滹沱系岩层。虽下伏岩层被植被覆盖，但依然可以看出其轮廓与上覆地层的倾斜角度不一致。距今 20 亿年前，属于下元古代的此区域火山活动频繁且剧烈，使得当时地层倾斜，随后火山运动休止，在中元古代时期地层继续沉积。

图 4-46　测鱼镇峪沟水库周边地区的角度不整合地层接触关系 1

图 4-47　测鱼镇峪沟水库周边地区的角度不整合地层接触关系 2

4.4 地　貌

地貌是地球表面各种形态的总称，也称为地形。地表形态是多种多样的，成因也不尽相同，是内、外力地质作用对地壳综合作用的结果。内力地质作用造成了地表的起伏，控制了海陆分布的轮廓及山地、高原、盆地和平原的地域配置，决定了地貌的构造格架。而外力（流水、风力、太阳辐射能、大气和生物的生长和活动）地质作用，通过多种方式，对地壳表层物质不断进行风化、剥蚀、搬运和堆积，从而形成了现代地面的各种形态。

石家庄市域横跨太行山地和华北平原两大地貌单元。西南部地处太行山麓中段，面积约占石家庄市总面积的 50%，东部为滹沱河冲积平原。辖区内大地构造，属山西地台和渤海凹陷之间的接壤地带，地势东南低、西北高，地貌差距大。正因如此，造就出石家庄周边独特俊美的自然风光之景。

4.4.1　山地

太行山脉，是中国东部地区的重要山脉和地理分界线。整体上位于华北板块的中部，呈北北东—南南西方向延伸，全长约 500 km，宽 40～50 km。石家庄西南部地处太行山麓东部，分布有大量山地地貌。山地是指海拔在 500 m 以上的高地，起伏很大，坡度陡峻，沟谷幽深，一般多呈脉状分布，如图 4-48～图 4-52 所示。山地的成因主要有火山喷发、地壳褶皱、地壳断层、外力侵蚀四类。

图 4-48　测鱼镇周边地区山地地貌

图 4-49　抱犊寨周边地区山地地貌

图 4-50　封龙山周边地区山地地貌

图 4-51　西山森林公园周边地区山地地貌

图 4-52　灵寿陈庄周边地区山地地貌

4.4.2 盆地

太行山上有八处因地壳变动形成的断裂地带，史称"太行八陉"，即轵关陉（河南省济源市西北）、太行陉（河南省沁阳市西北）、白陉（山西省陵川县东）、滏口陉（河北省磁县西北）、井陉（河北省石家庄市西）、飞狐陉（河北省涞源县至蔚县间）、蒲阴陉（紫荆关一带）、军都陉（居庸关关沟）。除这八条通道外，便是林立的陡峰、深阻的谷壑，"限隔"东西、"喉嗌"南北。

地处石家庄西部的井陉县位于太行山东麓，为"太行八陉"之一。井陉县地表基本形态为盆地，四面环山，中间陷落，地势自南向北、自西向东倾斜。盆地是指地球表面相对长时期沉降的区域，整个地貌四周高、中间低，因外观与盆相似而得名，如图 4-53 所示。井陉地区的盆地、洼地地貌分别如图 4-54 和图 4-55 所示。

图 4-53　丘陵、盆地地貌示意图

图 4-54　井陉地区的盆地地貌

图 4-55　井陉县测鱼镇地区的洼地地貌

4.4.3 平原

平原是地壳在升降微弱或长期稳定的条件下，经长期外力作用夷平而成的。平原表面开阔，地势平坦或起伏较小，主要分布在大河两岸和濒临海洋的地区。

华北平原位于黄河下游，为冲积型平原，是中国的第二大平原。西起太行山脉和豫西山地，东到黄海、渤海和山东丘陵，北起燕山山脉，西南到河南省的桐柏山和大别山，东南至江苏省、安徽省北部，与长江中下游平原相连。

滹沱河位于石家庄北部，是石家庄的"母亲河"，也是南水北调工程的承载河流。石家庄东部为滹沱河冲积所成平原，一马平川，高楼林立，如图 4-56 和图 4-57 所示。现在也被开发成滹沱河城市森林公园，表现出人与自然的和谐相处。

图 4-56　滹沱河周边地区平原地貌

图 4-57　站在西山森林公园山顶眺望坐落在平原上的石家庄市

"鬼斧神工"这一成语出自《庄子·达生》，说的是战国时期，鲁国技艺非常高超的木匠叫梓庆。他用木头雕成一个鐻（jù，悬挂钟磬等乐器的支架两旁的柱子），外形精美，花纹精细，人们一致夸它好，认为不是人工做出来的，像是出自鬼神之手。鲁国的国君见后连声叫绝，问梓庆是如何制作出来的，梓庆说只要忘记一切、专心致志就可以了。而大自然，也用它的一双巧手，心无旁骛地在地球的生长过程中，幻化出波澜壮阔、气势磅礴的壮观景象。石门也在地质发展过程中接受岁月的洗礼，体验了"鬼斧神工"的精琢细刻。一幅幅美不胜收、啧啧称奇的石门山水图，最终展现在我们眼前，或婉约，或大气，无不诠释着大自然的精华。

第 5 章
石门宝藏

　　石家庄西部地处太行山中段，东南低、西北高，位于华北地块的太行山隆起与河北平原凹陷的过渡带上，太行山前深大断裂穿越本区。华北地块是一个具有古老基底的地台，又是中、新生代构造活动很强烈的地区，地壳运动的主要形式为差异性断块升降运动。石家庄西部山区地质构造复杂，具备良好的成矿条件，矿产资源较为丰富。

截至 2021 年底，石家庄市查明资源储量矿产 56 种，开发主要矿产资源 28 种，列入《河北省矿产资源储量表》的矿产 33 种，矿产地 110 处。其中，按矿产大类划分，能源矿产 12 处，金属矿产 35 处，非金属矿产 63 处；按产地规模划分，大型 25 处，中型 26 处，小型 59 处。在已查明资源储量矿产中，保有资源储量总计 304 432.69 万 t。金属矿产包括铁矿、金矿、银矿等，主要分布于平山县、赞皇县、灵寿县；非金属矿产包括水泥用灰岩、电石用灰岩、冶金用白云岩、玻璃用砂岩、制碱用灰岩、建筑石料用灰岩、碎云母等，主要分布于井陉县、鹿泉区、行唐县、灵寿县、赞皇县。石家庄市优势矿产有金、水泥用灰岩、建筑石料用灰岩、冶金用白云岩、电石用灰岩、熔剂用灰岩、玻璃用砂岩、饰面用石材和碎云母 9 种。

5.1 黑色宝藏——煤炭

煤是我国最主要的固体燃料，是可燃性有机岩的一种。早在新石器时代，人类便有使用煤的记录。

煤的形成较为复杂：在适宜的地质环境生长的繁茂植物，在相对静止的环境下经长时间的地质年代逐渐堆积成厚层；随后在水底或泥沙里沉积埋没，处于氧气不足的还原环境下，受到细菌的菌解作用形成腐殖质，同时释放出 CO_2 和 CH_4 等气体；这些腐殖质与泥沙及溶解于水中的矿物质等混合就形成含碳量达 60% 的泥炭。我国泥炭广泛分布于华北平原、松辽平原、江汉平原和滇西盆地，多数是第四纪以来形成的。

煤炭的用途很多，可作燃料和化工原料，可从中提取焦油、沥青、石蜡和草酸等工业产品，同时泥炭中含有大量腐殖质以及 N、P、

K 等元素，也是重要的肥料。泥炭层在上覆沉积物的压力和地热作用下，经压实、脱水、胶结、聚合等成煤作用，体积缩小而密度加大，形成褐煤（含碳量 60%～70%）。如果成煤作用继续下去，褐煤中挥发分逐渐减少，碳含量不断增高，便逐渐转化成烟煤（含碳量 70%～90%）和无烟煤（含碳量 90%～95%）。煤的含碳量一般为 46%～97%，呈褐色至黑色，具有暗淡至金属光泽，如图 5-1～图 5-3 所示。

图 5-1　烟煤　　　　　　　　图 5-2　无烟煤　　　　　　　图 5-3　肥煤

我国是世界上煤炭储量极为丰富的国家之一，已探明的储量居世界第三位。全国各地均有分布，其中山西省、河北省、辽宁省和内蒙古自治区是我国主要的产煤基地。煤的形成与气候和植物生长关系密切，我国的三大主要成煤时期有：石炭纪-二叠纪，主要为滨海沼泽煤田，以烟煤和无烟煤为主；侏罗纪，为内陆湖泊沼泽煤田，以烟煤为主；古近纪-新近纪，也是内陆湖泊沼泽煤田，多为褐煤。

中国是世界第一产煤大国，也是煤炭消费的大国。煤作为我国最重要的一次能源，对我国经济社会发展有着极为重要的意义。石家庄近代工业文明的出现，煤炭曾起到了重要的推动作用。众所周知，石家庄能够在河北省几十年的省会城市更迭中最终定位下来，工业的大规模发展是主要决定性因素之一。而对于石家庄近代工业文明的出现，煤炭则曾起到了重要的推动作用。

煤炭行业的发展在石家庄有着悠久且动荡波折的历史。全国著名的石太铁路是连接石家庄和太原的铁路干线，也是新中国第一条双线电气化铁路，已有百年历史。最初修建石太铁路的目的，很大程度上是便于河北省与山西省的煤炭运输。

曾有"北方最良之煤田"称号的井陉煤炭，位于石家庄西部的井陉矿区，自宋代便开始开采，清代时形成规模。1898 年，由井陉绅士张凤起开办的井陉煤矿与 1905 年杜英魁兴办的正丰煤矿，历经国内军事割据、日军侵华等时期多次易主与更名的动荡之后，新中国成立后进入了相对稳定高产的时期。井陉、正丰两大煤矿曾双双入选全国二十大煤矿之列，生产的优质煤块享誉海内外。在当年正太铁路和石家庄转运的物资中，井陉的煤炭居于首位。

　　煤矿资源从战争期间遭遇侵略者的疯狂掠夺而导致生产被冲击，到 1949 年经鲜血洗礼迎来新生；从资源丰富遭受侵略者的觊觎掠夺，到重拾新生后矿区重建；从衰老期的运营低靡，到克服重重困难、大胆创新采煤工艺后取得的可喜成绩。井陉矿区历史上共为国家复采原煤 1 450 万 t，相当于一座年产 90 万 t 大型矿井 16 年的产量。采煤回收率达到90%，比全国煤矿的回收率高 20%。井陉某煤矿现代化矿井如图 5-4 所示。

图 5-4　井陉某煤矿现代化矿井

　　20 世纪 90 年代，井陉矿务局进一步开发新区，建设临城煤矿、蔚县崔家寨矿、元氏煤矿三大附属矿区，并且新建了一批煤炭深加工企业，形成以煤为主、多种经营的发展格局。2008 年，井陉矿业集团有限公司成立，迎来公司制。2018 年 10 月，井陉矿区入选"2018 年度全国投资潜力百强区""全国新型城镇化质量百强区"。2019 年 4 月，第二批"中国工业遗产保护名录"公布，井陉矿务局位列其中。2019 年 10 月，井陉矿区被评为 2019 年度全国新型城镇化质量百强区。

　　如今，这片有血有肉、历经战火洗礼、资源低迷，却在一辈又一辈矿区人努力拼搏下顽强屹立的井陉矿，也在利用独特的资源发展旅游及文化产业。其中，段家楼等一批经典的旅游景点也深受人们的喜爱，绿色发展、智慧发展，正成为井陉矿区未来发展的方向。

5.2　金色宝藏——金矿

提及固体矿产资源，金矿无疑是个焦点。世界上没有哪一种金属能像黄金这样源源地介入人类的经济生活，并对人类社会产生如此重大的影响。它那耀眼夺目的光泽和无与伦比的物理化学特性，有着神奇的、永恒的魅力。

金的化学元素符号是 Au，它来自拉丁文 AURNM，其原意为曙光，它是从朝霞一词衍生出来的。之所以称为黄金，不仅在于它本身具有的色泽，更在于它的反射光线具有金灿灿的光泽，因此人们习惯性地把它与太阳光并论。人类蒙昧时期崇拜黄金像崇拜太阳一样，因此有关黄金与太阳的传说很多，流传也相当广。

马克思曾说过："黄金实际上是人类发现的第一种金属。"为什么这么说呢？

其实，这是由黄金具有的化学特性决定的。黄金化学性质稳定，具有极强的抗腐蚀性和抗氧化能力，因而能长期以独立矿物的形式存在于自然界，而在地球的表层就赋存着我们称为狗头金的自然金块。狗头金是天然产出的、质地不纯的、颗粒大而形态不规则的块金。它通常由自然金、石英和其他矿物集合体组成。有人因其形似狗头，称之为狗头金；有人因其形似马蹄，称之为马蹄金，但多数通称这种天然块金为狗头金。再加之黄金具有耀眼的光，极易被发现，所以人类通过捡拾这种简简单单的方法就可以获得黄金。

19 世纪后半叶，人类对黄金的需求量及生产技术出现了较大突破，50 年的产量超过了之前 5 000 年的，有众多黄金资源被发现，其中澳大利亚、南非这些主要产金国黄金资源的大量发掘都是源于狗头金的发现。因此，马克思在《政治经济学批判》一书中推断，"黄金实际上是人类发现的第一种金属"。

然而，金在地壳中的丰度值很低，属稀有元素，在中国古代以"两"、现代以"克"为单位进行衡量。加之金元素本身又具有亲硫性、亲铜性、亲铁性、高熔点等性质，要形成工业矿床，金要富集上千倍，要形成大矿、富矿，金则要富集几千倍、几万倍，甚至更高，可见规模巨大的金矿一般要经历相当长的地质时期，通过多种来源、多次成矿作用叠加才可能形成。因此，"物以稀为贵"的特质使得黄金从古至今都无疑是贵金属中的翘楚。

中国虽在黄金储量方面在世界 80 多个黄金生产国中仅居第五，但在黄金开采方面却位于世界第一。中国目前的金矿资源可分为矿金、伴生金和岩金三大类。矿金，因金元素大多与其他金属伴生，其中除金外，还有银、铂、锌等其他金属，在其他金属未被提出之

前称为合质金。矿金大都是随地下涌出的热泉通过岩石的缝隙而沉淀积成的，常与石英夹在岩石的缝隙中。岩金是目前金矿开发的主要对象。

我国金的经济矿物主要是自然金和银金矿，少数矿床中有金银矿、碲金矿、针碲金银矿和黑铋金矿等。个别矿床以金的碲化物为主要经济矿物之一。中国各省（直辖市、自治区）除上海外，都有金矿分布。主要矿床和产地分布有山东、河南、贵州、黑龙江、陕西、广西、云南、辽宁、河北、新疆、四川、甘肃、内蒙古、青海、安徽等省（自治区）。中国较有名的金矿是山东省的胶东金矿，金矿90%以上集中分布在招远—莱州市地区，最主要的矿区是玲珑金矿。该矿区有悠久的开采历史，新中国成立以来引进现代采冶技术，逐渐发展壮大，产金量一度居世界第五位。属于这一类型的还有河北省迁西县金厂峪金矿、河南省西部小秦岭金矿等。而提及河北省石家庄市的金矿资源，自然能想到的是石家庄市灵寿县的石湖金矿。

石湖金矿是石家庄市灵寿县西北部的大型金矿床，与灵寿县城直距约46 km，矿床位于灵寿县陈庄镇龙门沟内。矿床开采历史久远，在矿区内发现4个深度不等的古代采坑，但开采年代不详。1961年，河北省地质勘查队伍发现该矿床，20世纪80年代原冶金520地质队在矿区内进行地质普查，1993年建矿投产，初始日处理矿石150 t，后期提高至日处理矿石300 t。石湖金矿床仅101、116两条矿脉勘探的黄金储量为22.28 t，矿体向深部品位渐富，通过深部探矿，黄金储量增至30多 t，矿区具有很大的勘探潜力，估计矿床金品位应该在5 g/t左右。石湖金矿石英脉矿石如图5-5和图5-6所示。

图5-5　金矿石石英脉矿石1

图 5-6　金矿石石英脉矿石 2

　　此外，石湖金矿主要金属矿物还包括黄铁矿、方铅矿、闪锌矿、黄铜矿、斑铜矿、磁铁矿、自然金、银金矿、金银矿、自然银等，非金属矿物包括为石英 、绢云母 、绿泥石 、方解石 、重晶石和高岭土等。

　　多年来，来自各大地质单位、高校的地质工程师和专家学者们不间断地对石湖金矿的外围及深部进行了一次又一次的深入探索和研究，以获得对石湖金矿成矿规律的更深了解，从而为国家开采出更多的黄金宝藏。

5.3　黑色宝藏——铁矿

　　铁是世界上使用最早、利用最广、用量最多的一种金属，其消耗量约占金属总消耗量的 95%。铁矿石主要用于钢铁工业，冶炼根据含碳量不同分为生铁和钢。生铁的含碳量一般在 2% 以上，钢的含碳量一般在 2% 以下。

　　我国地域辽阔，在漫长的地质历史时期发生过多期强烈的构造运动、岩浆及热液活动，铁矿的成矿条件极为有利。目前，发现的铁矿分布范围较广，且相对集中于 10 多个重点成矿区带。成矿时代从太古宙到中、新生代均有。我国铁矿床类型齐全，目前世界已知的

6种铁矿床类型在中国均有发现，分别为沉积变质型铁矿、岩浆型铁矿、火山岩型铁矿、矽卡岩型铁矿、沉积型铁矿和风化淋滤型铁矿。

其中，沉积变质型铁矿又叫 BIF 铁矿，我国也叫鞍山式铁矿，是我国铁矿最主要的类型。河北省铁矿主要分布在保定、唐山、邢台、张家口等市。在河北省大型铁矿中，岩浆型铁矿和沉积型铁矿占据了主导地位。岩浆型铁矿主要分布在保定市易县境内，是河北省最大的铁矿资源之一。岩浆型铁矿是指在火山活动期间，锰、铁、硅等矿物质经高温高压作用，形成的矿床。该类型铁矿在产量上非常稳定，品位也较高，已形成较为成熟的开发体系。沉积型铁矿是指在地质历史时期，由于海、湖等水体沉积作用形成的矿床。该类型铁矿在产量上也较为稳定，但与岩浆型铁矿相比，其品位偏低，但由于开采成本相对较低，因此也具有一定的开发价值。

19世纪中期，自采用转炉炼钢法逐步形成钢铁工业大生产以来，钢铁一直是最重要的结构材料，在国民经济中占有极重要的地位，是社会发展的重要支柱产业，是现代化工业最重要和应用最多的金属材料。所以，人们常把钢及钢材的产量、品种、质量作为衡量一个国家工业、农业、国防和科学技术发展水平的重要标志。

改革开放以来，河北省冶金矿山得到了长足发展，特别是作为钢铁原料的铁矿石，1997年更是跃居全国第一位，占全国铁矿石总产量的1/4。正是因为河北省有着丰富的铁矿资源并重视对铁矿资源的开发，才使得河北省的钢铁工业成为全省第一大支柱产业，产量和利润均列全国同行前列。

目前，河北、辽宁、四川、山西、内蒙古、安徽、新疆7省（自治区）铁矿石产量占全国总产量的84.8%，堪称国产矿的"七大金刚"。河北省牢牢占据"我国铁矿石原矿产量第一"的宝座，堪称占据中国铁矿石原矿产量的半壁江山。

石家庄的铁矿资源虽不及同省的唐山、邢台、邯郸等市，但探明储量及远景储量也不容小觑。石家庄的铁矿资源分布较为分散，多分布于平山县，且多为热液交代磁铁矿床，如图5-7～图5-9所示。平山县铁矿石已探明的储量达到1亿t，远期储量为12亿t。可以相信，随着对周围县城区域的进一步探索和研究，石家庄周边的各类矿产资源储量在不远的将来会攀登上新的台阶。

图 5-7 鲕状磁铁矿石（拍摄于中国地质大学标本广场）

图 5-8 磁铁石英岩 1（拍摄于中国地质大学标本广场）

图 5-9 磁铁石英岩 2（拍摄于中国地质大学标本广场）

5.4 灰色宝藏——石灰岩

石灰岩简称灰岩，是以方解石为主要成分的碳酸盐岩，有时含有白云石、黏土矿物和碎屑矿物。灰岩出露颜色一般为灰色，此外，还可呈灰白、灰黑、黄、浅红、褐红等色，硬度一般不大，与稀盐酸有剧烈的化学反应，按成因分类属于沉积岩。

石灰岩是地壳中分布最广的矿产之一，在河北省也有相当大规模的分布。石家庄周边的各大景区也是石灰岩出露的主要观测区，如前文提及的挂云山、抱犊寨、西部长青公园等地皆有大量各类石灰岩出露。

石灰岩的用途很广，不仅是烧制石灰和水泥的主要原料，还是炼铁和炼钢的熔剂。此外，它可以用于制作生石灰、苏打等化学制品，可以用作涂装材料、农业肥料、建筑基石和水质净化剂等，在石油、化工、轻工、冶金、纺织、印刷、造纸、印染等行业中皆有用武之地。随着钢铁和水泥工业的发展，石灰岩的重要性必将进一步增强。中国石灰岩矿产资源十分丰富，作为水泥、溶剂和化工用的石灰岩矿床已达 800 余处，产地遍布全国，各省、直辖市、自治区均可在工业区附近就地取材。

石灰岩除是重要的工业原料外，也可以作为板材应用。利用石灰岩加工的板材，具有温和天然的观感，装饰性较强，同时具有良好的耐久性、保水性和可塑性。虽不及花岗岩板材硬度高、耐磨性强、抗压性强，但价格和施工加工难度等方面有着巨大的优势，再加之覆盖面积较广、方便开采及运输等优点，石灰岩板材具有相当可观的应用市场。

石灰岩属于非金属矿产。石家庄市的非金属矿产包括水泥用灰岩、电石用灰岩、冶金用白云岩、玻璃用砂岩、制碱用灰岩、建筑石料用灰岩、碎云母等，主要分布于井陉县、鹿泉区、行唐县、灵寿县、赞皇县、平山县。其中，鹿泉县区蕴含丰富优质的石灰岩资源。由于各地石灰岩资源丰富，原料充足，加之附近有煤炭资源，能量丰富，临近石家庄市的大需求量市场，在陆路交通便利的优势下，当地的水泥业在全国久负盛名，鹿泉县开采的石灰岩矿如图 5-10 和图 5-11 所示。高度发达的水泥业一度使鹿泉连续数年跻身全国百强县。不仅如此，平山县的花岗石和大理石远景储量大约有 20 亿 m^3，花色品种多样，质量也是堪称一绝。因此，平山县被人们誉为"中国石材之乡"。

然而，随着近些年来河北省内石灰岩的巨量开采，水泥制造产业不仅带来了显著的 GDP 提高，也加剧了对生态环境的破坏，如"三废"排放量大，特别是废气。这种工业对生态的破坏，不仅对当地环境造成了污染，同时影响了京津地区。随着人们环保意识的增强、国家整体产业结构的调整，国家随即加大了对环境污染的治理力度。自 2013 年 12 月以来，为了绿水青山，河北省两次集中对鹿泉县、平山县 35 家水泥企业进行限制整改。毕竟在以"绿色发展"为主题的今天，暂时而有意义的调整是势在必行的。

图 5-10　鹿泉县开采的东山石灰岩矿

图 5-11　鹿泉县开采的西山石灰岩矿

5.5 流动的宝藏——白鹿泉

水是人类最宝贵的资源之一，是生命的源泉。为什么身边司空见惯的"水"会被称为最宝贵的资源呢？那是因为"生命源泉"的"水"指的是地球上的淡水资源，而淡水资源只占地球水资源总量的 3%，而在这 3% 的淡水中，可直接饮用的只有 0.5%。作为人类日常生活的必需品，自古以来，"水"就象征着生命和希望，而水资源就是人类最宝贵的资源之一。

水资源是指地球上具有一定数量和可用质量能从自然界获得补充并可资利用的水，通常理解为可利用的淡水资源。淡水资源的来源主要为地表水和地下水。

中国水资源总量虽然较多，但人均资源量并不丰富。由于中国属季风气候，水资源时空分布不均匀，导致南北自然环境差异大，其中北方 9 省（自治区）人均水资源量不到 500 m³，实属水少地区；特别是城市人口剧增，生态环境恶化，工农业用水技术落后，浪费严重，水源污染，更使原本贫乏的水"雪上加霜"，成为国家经济建设发展的瓶颈。在全国 600 多座城市中，已有 400 多个城市存在供水不足问题，其中缺水比较严重的城市达 110 个，全国城市缺水总量为 60 亿 m³。

石家庄市则属于资源型缺水地区。由于石家庄地区人口基数大，工业等设施需求量亦较大，该地区水资源总量为 23.5 亿 m³，但需水量为 32.81 亿 m³ 的情况下，近 10 亿 m³ 的差额靠超采地下水来维持。据不完全统计，石家庄地区人均水资源量为 258 m³，为全国人均水资源量的 1/8，按国际公认的评价贫水的定量标准，属绝对贫水区。但石家庄市却有一个宝地——白鹿泉，其泉水四季泉涌、清澈见底，泉眼四周山环林茂、清凉宜人，"鹿泉飞珠"久负盛名，历代文人皆有诗赞颂。著名的"鹿泉大曲""鹿泉浓香""鹿泉液"等名酒因泉水而享誉一方。白鹿泉旁的小鹿、井眼、泉水、白鹿亭分别如图 5-12～图 5-15 所示。

在政府合理的保护和修整下，泉眼周边修饰清新雅致，泉旁山道安谧娴静，意境清远含蓄。盛夏时节靠近，闻泉声顿感凉爽，燥热的心情在清新的空气和冰凉的泉水触感下，瞬时消散。

白鹿泉志碑和浮雕如图 5-16 和图 5-17 所示。

图 5-12 小鹿

图 5-13 井眼

图 5-14 泉水

图 5-15　白鹿亭

图 5-16　白鹿泉志碑

图 5-17　浮雕

　　此外，石家庄市周边的温塘镇地下温泉水亦美名远扬，并促使石家庄市周边的温泉旅游业得到了飞速的发展。著名的石家庄市白鹿温泉便采用温塘镇历史悠久的地下温泉水，常年恒温 70 ℃，泉水富含 30 多种有益于人体健康的矿物质微量元素，属于保健型高温氡泉，水质滑润、养生美颜、理疗身心，对风湿病、关节炎等多种疾病具有良好的辅助疗效。据史书记载，汉武帝曾御封此泉为"宝泉圣水"。白鹿温泉如图 5-18 所示。

图 5-18　白鹿温泉

5.6　宝藏奇观——喀斯特地貌

喀斯特地貌以斯洛文尼亚的喀斯特高原命名，中国亦称之为岩溶地貌。地下水和地表水对可溶性岩石进行溶蚀与沉淀、侵蚀与沉积，加上重力崩塌、坍塌、堆积等作用，合力形成了喀斯特地貌。

喀斯特地貌分地表和地下两大类，地表有石芽与溶沟，落水洞，溶蚀洼地，喀斯特盆地与喀斯特平原，峰丛、峰林与孤峰等；地下有溶洞与地下河、暗湖等。

喀斯特地貌都与石灰岩的溶蚀有关。石灰岩的主要成分是 $CaCO_3$，在含有 CO_2 的水里容易被溶蚀，生成易溶于水的 $Ca(HCO_3)_2$，形成溶沟（凹下去）和石芽（凸出来），在石灰岩的表面形成的"刀砍纹"，犹如老年人脸上的皱纹，俗称"婆婆脸"。

上述过程可用典型的化学方程式来阐述：

$$CaCO_3 + CO_2 + H_2O \rightleftharpoons Ca(HCO_3)_2$$

这是一个可逆反应，在温度和压力变化的情况下，溶于水的 $Ca(HCO_3)_2$ 还可以转化为沉淀 $CaCO_3$，可以形成溶洞中钟乳石等各种奇观。

溶洞泛指可溶性岩石中因喀斯特作用所形成的地下空间。而石灰岩则是可溶性岩的一种，其在含有二氧化碳的流水长年累月地冲刷、溶解与腐蚀下而逐渐形成了天然的洞穴。石灰岩中不溶性的碳酸钙，受水和二氧化碳的作用可转化为可溶性的碳酸氢钙，随流水溶解带离原地。由于石灰岩层各部分含石灰质多少不同，被侵蚀的程度不同，就逐渐被溶解分割成互不相依、千姿百态、陡峭秀丽的山峰和奇异景观的溶洞，由此形成的地貌一般称为喀斯特地貌。西部长青公园周边的喀斯特地貌如图 5-19 和图 5-20 所示。

图 5-19　西部长青公园周边地区流水侵蚀形成的溶沟喀斯特地貌 1

图 5-20　西部长青公园周边地区流水侵蚀形成的溶沟喀斯特地貌 2

　　喀斯特地貌在我国分布较为常见，如闻名于世的桂林溶洞、北京石花洞、娄底梅山龙宫，它们就是由于水和二氧化碳的缓慢侵蚀而创造出来的杰作。溶有碳酸氢钙的水，当从溶洞顶滴到溶洞底时，水分的蒸发或压强减少，以及温度的变化都会使二氧化碳溶解度减小而析出碳酸钙的沉淀。这些沉淀经过千百万年的积聚，渐渐形成了石钟乳、石笋、石芽、石沟、石林等。此种地貌地区，往往奇峰林立。

　　嶂山白云洞，南距石家庄市 86 km，是嶂山白云洞风景区的主要景点。作为国家 AAAA 级风景名胜区、国家地质公园，嶂山白云洞是全球同纬度最大的溶洞。其形成于 5 亿年前的中寒武纪，洞内四季恒温 17 ℃，洞体幽深、景观奇绝，被国内外洞穴专家誉为"世界喀斯特风景洞穴博览园"。

　　嶂山白云洞是 1988 年 7 月 18 日由当地农民在开山采石时发现的。"嶂山"的由来，据传是因为当有山风袭来时，整个山体会发出阵阵的轰鸣声，当地百姓称此山为"空山"，此洞被专家誉为"地下熔岩博物馆"。后经中国地质大学、地矿局 11 大队、河北省科学院地理研究所等有关单位的专家、学者考察和论证，制定了嶂山白云洞旅游开发规划。1990 年 7 月 1 日，嶂山白云洞正式对外开放，同年被河北省人民政府列为省级风景名胜；2002 年 5 月被评为第四批国家重点风景名胜区。号称"北方第一洞"的嶂山白云洞，截至 2015 年 5 月已经获得国家 AAAA 级旅游景区、国家森林公园、国家地质公园等称号。

　　据专家考证，5 亿年前，这里曾是一片温暖的浅海环境，在海底沉积了石灰岩地层，后来地壳运动使海洋变成了山丘，由于地下水对石灰岩的溶蚀作用，造就了这个北方罕见的溶洞。

　　崆山白云洞作为溶洞景点开放至今，根据洞厅的景观造型特点，已对游人开放的有 5
个洞厅，分别为"人间""天堂""迷宫""地府"和"龙宫"，总面积 4 000 多 m^2，游
线总长 2 km。这里景色旖旎多姿，穹顶彩融流光，洞洞景象绚丽，令人流连忘返。崆山
白云洞喀斯特地貌如图 5-21～图 5-24 所示。

图 5-21　崆山白云洞内侵蚀形成的溶洞喀斯特地貌

图 5-22　喀斯特地貌的石幔 1

图 5-23　喀斯特地貌的石幔 2

图 5-24　喀斯特地貌的石钟乳和石笋

　　石门以其丰富的资源而闻名。黑色的宝藏煤炭，以其工业血液而著称，为河北省经济发展提供了能源保障；金色的宝藏金矿，石湖金矿为河北省经济发展作出了贡献；黑色的宝藏铁矿，为河北省的钢铁工业繁荣贡献了力量；灰色宝藏石灰岩，为河北省水泥建筑工业提供了发展动力；流动的宝藏白鹿泉，为河北省提供了休闲娱乐的好去处；喀斯特地貌崆山白云洞为河北省提供了魅力的自然景观。石门因其拥有更多的自然资源宝藏而更加绚丽多彩。

第6章
人与自然的和谐相处

地球是人类赖以生存的唯一家园。人与自然是生命共同体，只有处理好人与自然的关系，维护生态系统平衡，才能守护人类健康。从洪荒时代走到了文明的世纪，人类的智慧创造了经济的奇迹，但无知与贪婪却留下了可怕的后果。环境污染、生态恶化，地球发出了痛苦的呻吟……在我们经历了禽流感、"非典"、海啸、地震等天灾之后，实现人与自然和谐发展成为全世界的共识。如果说禽流感、"非典"等是自然对人类微观方式的警告，那么海啸、地震、沙尘暴等则是自然对人类宏观方式的警告，这些天灾都可能毁灭人类。人类的科技发现、发明与发展，可能会降低天灾带来的危害，但不能从根本上消除这种灾害。人们渐渐从噩梦中觉醒：人与自然和谐共处，是社会可持续发展的唯一出路。

习近平总书记指出：人与自然应和谐共生。当人类友好保护自然时，自然的回报是慷慨的；当人类粗暴掠夺自然时，自然的惩罚也是无情的。我们要深怀对自然的敬畏之心，尊重自然、顺应自然、保护自然，构建人与自然和谐共生的地球家园。

在倡导人与自然和谐共生的今天，我们必须认真思考人与自然的关系。因为人与自然的关系，不仅是人类生存的一个基本问题，也是构建和谐社会的一个前提。协调人与自然的关系，已成为当今世界高度关注的议题之一。人们普遍认识到，人类目前所面临的人与自然不和谐问题比历史上任何时期都要复杂和严峻，但是人类绝不可能退回到被动适应自然的道路上去，只有依靠科学绿色发展，才能实现人与自然的和谐，实现资源的合理可持续利用和生态环境的有效保护。

随着经济社会的发展与国民素质的提高，人们对生活环境的要求也在不断发生变化。国家在下达一系列注重生态环境整治与修复的政策与文件后，为全面贯彻省委、省政府《关于深入打好污染防治攻坚战的实施意见》，石家庄市生态环境局在全市生态环境系统深入开展了"三提升、三促进"活动，全力以赴为全市经济发展提供生态支撑，推进生态环境质量持续改善。

经过多年努力，石家庄市的空气质量得到了大幅度改善和提升。与此同时，石家庄市各区及县（乡）也在加大对生态环境的改善与修复工作。从市区的湿地公园布设，到工业化设施移迁与减少；从矿区规模限制、开采冶炼工艺调整，到尾矿治理、矿山环境修复，石家庄市多措并举，致力于石家庄市区及周边的整体生态环境改善。

6.1 生态环境修复之湿地建设

说到"湿地"这个词，近些年来开始常出现于大众眼前。在石家庄市市民眼中，湿地就是岔河，就是河湖两岸的公园，说到湿地就想到生态。的确，究其含义，湿地是指地表过湿或经常积水、生长湿地生物的地区。湿地，作为地球上具有多种功能的生态系统，可以沉淀、排除、吸收和降解有毒物质，潜在的污染物转化为资源，因而被誉为"地球之肾"。

湿地本身加上存在其中的湿地植物、动物、微生物共同组成了一个统一整体，就是湿地生态系统。湿地生态系统不仅是石家庄市近年来大力倡导并建设的重要环境修复工程的目标，还是从根本上提高市民精神文明生活水平的主要措施之一。

人工湿地的显著特点之一是其对有机污染物有较强的降解能力。废水中的不溶性有机物通过湿地的沉淀、过滤作用，可以很快地被截留，进而被微生物利用，废水中可溶性有机物则可通过植物根系生物膜的吸附、吸收及生物代谢降解过程而被分解、去除。滹沱河作为石家庄市唯一的河流，地下水资源丰富，是城市地下水的主要采集区，担负着为市区和当地提供工农业生产和生活用水的重任。

那么，为什么石家庄市的生态修复方式会选择建设湿地呢？那是因为，湿地不仅可以保护城市及周边生物多样性、调节径流、改善水质，还可以调节小气候并提供食物和旅游资源，它的生态功能能够绝大程度地提升人与自然的可持续融合和发展。不仅如此，湿地治污建设成本低，水生植物的生长需要吸收大量的营养物质，能够使水体得到很大程度的净化；同时改善了原有的生态环境，增加了水生动物和水生植物的生活空间；还能丰富石家庄滹沱河的水景观，提升城市品位，促进旅游发展；也为石家庄的科研及科普教育提供了场所。

到目前为止，石家庄的湿地公园景观建设工程已有大小十几处，市区的滹沱河生态旅游景区、翠屏山湿地公园、龙泉湿地公园、沙河湿地公园、清凉湾湿地公园等，不仅大幅改善了之前的景观状态，增加了绿化面积，丰富了生物种群，还为广大市民提供了节假日家庭活动的去处。

经过前后三期滹沱河的生态环境修复工程，环境优美、气候宜人、生活祥和已不再是长年历经"沙尘暴"与酷暑的石家庄人的梦想。

6.1.1　滹沱河生态旅游景区

《山海经·北山经》记载："泰戏山，少草木，多金玉，滹沱之水出焉。"滹沱河发源于山西省繁峙县横涧乡泰戏山脚下的桥儿沟村，在西汉前，滹沱河一直为黄河支流，以"善淤""善决"而闻名，有"小黄河"之称；到了金代，黄河南迁，滹沱河归属海河。

滹沱河一直被称为是石家庄市的母亲河。流域地势变化明显，经山西省黄土地区，穿太行山脉，窄与陡的河道使得迅流而下的上游泥沙涌入到河北省境内开阔河床。随着坡度、水势的逐渐变缓，石子和泥沙开始慢慢淤积，形成石家庄市区域内的大片肥沃的平原，这片土地成为北方最早开发的地域之一。清代赵文濂在《春初渡滹沱》中说到："一水亘迢迢，滹沱吼怒潮。冰开回急溜，浪涌撼危桥。莽莽平沙阔，漫漫去路遥。春城如画里，旌喋大旗摇。"

磅礴洒脱的滹沱河多年来一直水患不断。从新中国成立初期已发动万人抗扁抬筐，到修建岗南、黄壁庄两座水库；从修建多处防洪堤、挑流坝，到20世纪70年代的增筑堤坝、开挖引河、裁弯取直等工程，几经波折，终于初步结束了水患历史。但之后随着社会发展，滹沱河流域又出现了"断流""水体变质""地下水位下降"等各种生态问题。美丽的滹沱河变得黯然失色：两岸树木几乎被砍光、常年断流导致的裸露河床沙化严重、非法采砂后满目疮痍的河道、堆积垃圾而臭味熏天的河床……

滹沱河湿地是北方干旱缺水地区典型的河湖湿地，对生态系统十分脆弱的石家庄市来说，是极其珍贵的生态资源和天然蓄水池，同时是上千万人口赖以生存的生产生活基地。

2007年，滹沱河城区段16 km综合治理工程在万众期待中率先启动。石家庄市修路筑堤、疏浚河道、回填沙坑，并建坝蓄水、植树绿化，对滹沱河实施综合整治。

2017年，石家庄市继而正式开启滹沱河全域生态修复工程，出台《滹沱河生态修复工程规划暨沿线地区综合提升规划》，分3期实施，于2021年全部建设完成，投资209亿元对黄壁庄水库以下109 km流域实施生态修复工程。其中，主城区段以城市公园标准，为居民提供多样化的休闲游憩场所；其他区段对河滩进行生态恢复，保护基本农田，对河滩进行自然绿化，形成绿色生态景观，如图6-1～图6-10所示。

图 6-1　滹沱河子龙大桥

图 6-2　滹沱河上游湿地

图 6-3　滹沱河清澈河水

图 6-4 滹沱河两岸绿树成林

图 6-5 滹沱河河堤绿草茵茵

图 6-6 滹沱河中的湿地

图 6-7　滹沱河宽阔的水面

图 6-8　滹沱河河坝

图 6-9　滹沱河下游湿地

图 6-10　冀之光

　　城市轨迹、周汉河湿地、光影水秀……滹沱河生态修复工程全部建设完成后的滹沱河恢复了河道生态。目前，109 km 全线水系贯通，打造了多个景观亮点，带动了城市沿河发展，拓展了城市空间。滹沱河生态风光如图 6-11～图 6-13 所示。

　　滹沱河生态工程目前已形成 2 147.5 公顷水面，面积相当于 3.3 个西湖，形成了 8 165.7 公顷绿地，面积相当于 1.1 万多个标准足球场，使得石家庄多了一道美丽的生态屏障；随着绿化提升，空气自净能力、市区气候自调能力提高，石家庄市市民身边多了一个超级大的公园；自前两期工程完工后，长假时期平均每天有近 10 万人次来滹沱河打卡，小香山、

图 6-11　滹沱河畔的大桥

图 6-12　滹沱河畔俯景

图 6-13　滹沱河畔清澈湖面

滹沱花海、子龙码头、山顶花园……在滹沱河沿岸，一个个标志性景点，更是让石家庄市多了一个媲美全国很多知名景区的生态景观长廊。

在中国人的园林中，山水永远是治愈身心的天地。无论哪一个年代，哪一种文化，人们营造的理想环境都有山水的元素。石家庄市太平河畔新建成的山水桥和爱莲桥便是这样的所在，两座桥位于太平河南岸胜利大街至体育大街之间。山水桥采用现代的表达形式，通过此起彼伏的白色流线展现出山水的曲线美。而从远处看，这座桥又特别像五线谱，正在奏响优美的乐章。周边种植具有中国文化符号、高大挺拔、常年青翠的造型油松，打造出一幅满江碧波荡漾、满山青翠欲滴的风景画，有着令人着迷的魅力。不远处的荷花栈道取名"爱莲桥"，由简洁的白色和流畅的线条打造而成，既有绝句小令般的精致，又有古风歌行般的大气，置身其间，清风徐徐，感受太平河的旖旎风光。这两座桥，形态雅致地站在大自然和城市文明社会之间，把人造的环境和大自然巧妙地融合起来，以别致悦目的方式改善了城市人居环境，重建了太平河景观带。

如今，河道达到了 10 年一遇的防洪标准，提升了河道行洪能力。石家庄市水利专家评价，从治理范围面积、生态治理标准等来看，石家庄市滹沱河生态修复工程在我国北方城市河流的治理中名列前茅。这项工程给石家庄市带来了我国北方少有的城市河流。

滹沱河再次成为石家庄的生态屏障，护佑着这方热土。而围绕滹沱河而生的城市森林公园建成后，也将是我国北方城市最大的城市森林公园，在缓解城市热岛效应、维护生态平衡、美化城市景观方面，具有其他城市基础设施不可替代的作用，将为石家庄增添一处碧水蓝天、绿树鲜花、环境优美的城市绿地，对提升石家庄市文化品位、改善石家庄市城区生态和景观环境、提高石家庄市整体美誉度具有十分重要的意义。

6.1.2　山湖风光之龙凤湖

石家庄市是一个依山傍水的省会城市，不仅可以看到特别秀丽的山间雨林特色，还能看到很多关于水库周边的原生态环境。水库不仅能减少洪水等自然灾害给当地居民造成的影响，提高畜牧业、农业的发展，配合发电，还能发展成为旅游型的功能性水库，有丰富周边景观、美化周边环境的作用。

目前，石家庄市的水库数量不少，有黄壁庄水库、横山岭水库、岗南水库、八一水库等。其中，有几个已经更名为与"湖"字相关。石家庄市鹿泉区的龙凤湖水库则是其中别具特色的代表。

龙凤湖位于石家庄市西南 15 km 处，紧临洨河。龙凤湖以山得势，以水得名，占地 660 亩。湖的南侧是青龙山，北侧是凤凰山，两山夹一湖，取南侧山的"龙"字，北侧山的"凤"字，因而得名龙凤湖。湖呈东北—西南走向，恰似一条探湖戏水的长龙，十分壮观。龙凤湖波光粼粼的湖面如图 6-14 所示。

图 6-14　龙凤湖波光粼粼的湖面

　　从龙凤湖的北门进入，广场上映入眼帘的是两根对称的立柱，高约 10 m。每根立柱顶部左面饰有龙的雕刻，右面饰有凤凰的雕刻。龙身从立柱底部不断盘旋上升，龙头在顶部翘起，远远望向湖中，有腾空升舞之气势；立柱右面的凤凰，头顶凤冠高高竖起，有展翅高飞之气魄。两根立柱之间正中放着一个圆球，直径约为 2 m，上面是龙和凤凰的雕刻。从立柱到圆球都是龙凤的雕刻，这就是龙凤湖主题，不断呈现"龙凤吉祥""龙凤戏珠"之意。广场的开阔、立柱的高耸、圆球的居中，呈现着老百姓对美好生活的向往。山以水得以滋润，水以山得以形成，两者相得益彰，这是人与自然和谐相处的典范。龙凤戏珠和龙凤柱面分别如图 6-15 和图 6-16 所示。

图 6-15　龙凤戏珠

图 6-16　龙凤柱面

　　湖面碧绿透明，烟波浩渺，如图 6-17 所示。湖水轻轻拍打着岸边，微风吹来，轻轻地涤荡着岸边红色的岩石。湖面宽阔，湖面上波光粼粼。乌云遮盖的阳光偷偷地溜出来，洒在湖面上形成多束小彩虹。湖西南面的山脉由远及近高低起伏，绿色的"绒毯"植物在岸边慢慢铺展开来，覆盖了高山，又染绿了岸边。岸边深绿的杨树，叶子在风中舞蹈，叶子底面在风的作用下翻转过来，仿佛银子在月光下闪闪泛光。嫩绿的柳树恰似"桃李风前多妩媚，杨柳更温柔"中轻柔的枝条在风中摇曳，犹如美丽少女的披肩秀发，散发着清香的气息。龙凤湖两岸的山林茂密，梯田葱郁，正是得益于龙凤湖的滋润。湖岸柳树上长柳枝依依，微风过处，犹如亭亭玉立的少女在风中舞蹈。据地质学的推测，西南方向的青龙山与西北方向的凤凰山起初是连在一起的，后期由于地质作用（断层）使其形成断层面，断层面遭受剥蚀，形成低洼地带和河道，经不断下蚀形成现在的龙凤湖。

图 6-17　山湖风光

6.2 生态环境修复之矿山修复

大家平时提到的环境污染、生态破坏，多指人为的城市生活和工业污染。但另外一类人为污染对环境造成的影响与危害却更加严重——矿山环境污染。由于矿山环境污染通常远离人类群体生活居住范围，城镇居民往往不重视。但随着人口数量的增长，城镇、乡村居民活动居住范围不断扩大，加之经济水平和对环境要求的提高，人们逐渐意识到大规模矿产的开发同时伴随着生态环境问题。

这里所提及的矿山环境污染，是指在矿山开采过程中，多种因素对环境造成的影响和危害。矿坑排水、矿石及废石堆所产生的淋滤水、矿山工业和生活废水、矿石粉尘、燃煤排放的烟尘和 SO_2 以及放射性物质的辐射等含有大量的有害物质，严重危害矿山环境和人体健康。此外，还包括水土流失、固体废弃物堆积、自然景观破坏以及生态环境破坏所引起的生物种群稀缺问题等。

总而言之，矿山的自然环境是受人类活动影响的，那人类就有义务对矿山进行环境整改，不仅是为了遵从国家的环保政策，以免矿山因环保项目不合格被关停整顿，也是为了给子孙后代留存资源，建造一个可持续发展的社会环境。

2013 年，习近平总书记在党的十八届三中全会上提出：山水林田湖是一个生命共同体，人的命脉在田，田的命脉在水，水的命脉在山，山的命脉在土，土的命脉在树。之后各地开始逐步开展规范各地山水林田湖草生态保护修复工程的实施，推动山水林田湖草沙一体化保护和修复工程。石家庄市作为首都的重要屏障与河北省的省会，在生态保护修复工作的全面推进下，废弃矿山的修复与治理工作首当其冲。

2022 年以来，石家庄市针对《西柏坡高速沿线环境整治工作方案》开展了一系列废弃矿山修复绿化提升工程。修复工作按照"宜林则林、宜草则草、宜耕则耕"的原则，坚持一矿一策，充分运用矿山修复治理技术，采用人工措施和生物措施相结合的方式，改善山体形象和生态环境。

6.2.1 北良都生态环境恢复工程

北良都灰岩矿位于石家庄市井陉县以南 4 km 处，省道衡井公路西南 200 m。多年来以生产水泥用灰岩和建筑用石料为主，开采方式为露天开采，极大地破坏了山体植被及地

貌景观，犹如青山上的一块伤疤，与周围秀美的风景很不协调。在 2005 年采矿证到期并于当年闭坑后，政府开启对该矿山的综合治理。

北良都灰岩矿矿山的开采区不仅植被及地貌景观破坏严重，还因开采产生的水土流失最终导致了一些危岩体的存在。此外，一些较为发育的裂缝也存在发生崩塌灾害的危险。另外，还存在滑坡的潜在危害。以上种种，使得北良都灰岩矿矿山的环境亟须恢复。

经过专业严谨的地质灾害评估后，采用生物与工程治理相结合的技术手段，控制或消除崩塌和不稳定边坡等地质灾害隐患，整治满目疮痍的矿山环境；经过恢复地表景观、植树绿化等方式逐渐恢复矿山生态环境。修复的矿山前后对比如图 6-18～图 6-20 所示。

图 6-18　地貌修复治理前后 1

图 6-19　地貌修复治理前后 2

图 6-20　地貌修复治理前后 3

6.2.2　抱犊寨生态修复工程

抱犊寨风景区，是河北省石家庄市境内的国家 AAAA 级旅游景区。它位于石家庄市鹿泉区西郊，距石家庄市市区 16 km，是一处集历史人文和自然风光于一体的名山古寨，是广大游客登山健身、休闲娱乐的首选之地。它峻峰突起、雄秀壮观，山顶百亩平地，土质肥沃、草木繁盛，犹如一世外桃源，享有"天下奇寨"等众多美誉。抱犊寨风景区特色景点众多，主要有卧佛、南天门、北天门、韩信祠、点将台等。每逢节假日到来，喜爱爬山观景的游客络绎不绝。清晨，在山间的清新空气和宁静的自然风光环抱中，沿着山路上行、观景；傍晚，又可在下行的山路中一览抱犊寨晚照。旅行中不仅饱览美景，还可感受抱犊寨的历史古韵。

抱犊山得名于一个神话传说。传说当地一牧童常年在山上放牛，一天，牧童带着牛犊被困在断山壕的绝壁上，上下不能。牛犊无意吃了山壁上的灵芝草，瞬间长成大牛，牧童吃了牛犊吃剩下的灵芝草，顿时身轻如燕，升仙而去，抱犊山即因此得名。又传此牧童前身是饲养太上老君所骑青牛的仙童，只因尘缘未了，被贬下凡。此时，太上老君正在栾川的老君山上静炼仙丹。太上老君看仙童到凡间仍是爱牛如命，心地善良，就暗渡仙草，助他返回仙界！传说终归是传说，不过这山上确实有灵芝草！

如果说灵芝草是传说中抱犊山上的宝贝，那现今抱犊山上的宝贝当属石灰岩了。整体抱犊寨主峰及周接山体，是由大规模巨厚层的石灰岩构成的。石家庄市灰石矿产量不低，主要分布于平山、鹿泉地区。而抱犊寨风景区周边山体的巨厚层"灰色宝藏"也曾经被剥离了不少。曾经的石灰岩开采给盛名已久的抱犊寨披上了一层灰白空缺的"裙角"，但在当地政府的多年修复和治理下，"裙角"逐渐染上绿意，如图 6-21 所示。

都说"上山容易，下山难"，在生态环境的修复工作中，"破坏容易，修复难"才是困境。对于人类来说，生态环境的破坏始于发展需要，但也终于发展需要，但难度与付出确实大大不同。生态环境的修复工作注定耗时、耗力、耗财，且往往短时间修复工作成效不显著。因此，生态环境的修复工作需要国家政策的促进和监督，需要国民素质的整体提高。生态恢复是一个全面的工程，它可以为我们的生存和发展提供强有力的支撑，其重要性不言而喻。无论是政府还是个人，在每天的生活中，都应该对生态环境的保护和恢复有着强烈的意识，积极投身到生态恢复工作中，为保护地球家园出一份力。

图 6-21　抱犊寨周围矿区的治理效果

6.3　人文景观建设

人和环境是紧密联系在一起的。不管是过去、现在，还是将来，人们都在持续地改变着自己的环境，创造着既可以利用又可以美化的环境。城市的内涵，不仅仅是建筑、街道、商店等人工建筑的堆砌，更包含了社会、文化、经济、政治和城市居民在众多功能设施和景观陪伴下的多姿多彩的生活。从外在的视觉影像来看，城市是由其平面结构、天际轮廓、各色建筑、街市设施、区域地标、开放空间、植栽园林及穿梭不定的交通工具所构成的，然而这些都是城市人在选择和被选择的行为方式下形成的物质形态，其间蕴涵着深厚的自然法则、社会心理、人文情感及历史沧桑。

石家庄市拥有悠久的历史，可以追溯到春秋战国时期。战国时期的赵国都城，是古代重要的商贸中心和交通枢纽。历史上，石家庄市还曾是清代内务府的驻地之一，因此留下了许多历史古迹和文化遗产。

石家庄人在历史故地的基础上不断地修缮和完备，使得旧地不"旧"，历史底蕴长存不衰。在一代代石家庄人的努力下，历史故地在保持本身古韵的基础上渐渐向游览景点发展。不仅使得各处的历史文化得以发扬，带动了周边经济，还一次次掀起了石家庄人节假日周边游的热潮。

6.3.1 龙泉寺

龙泉寺院中有一眼约 2 m 深的小井，井口直径 0.5 m 左右，地面至井水面约 1 m，井水清澈见底，洪涝之年满而不溢，干旱之年盈而不涸，数百年来，不枯不竭，故称"龙井"。此寺当时亦称作龙泉书院。住持净琛和尚在 1291 年向朝廷请旨后，被赐名"龙泉院"，并依此定名龙泉寺。经历朝历代的不断修整与续建，经千年浩荡仍屹立于龙泉山侧。龙泉寺东接翠屏，西连五寨，南接封龙，北临滹沱。景区内峰峦层叠，丘壑起伏，纵横绵延，林果树木参差披拂，野花芳草覆盖山川，到处风景如画，四季景色宜人。

金代诗人元好问诗言"登高都说龙山好，从此龙泉是圣境"；嘉靖年间《获鹿县县志》亦称此处"浮云笑人生，空山移我情"。自净琛和尚开寺以来，龙泉山山中有寺，龙泉寺寺依山水，山景水景丛林景景景悦目，风声泉声诵经声声声入耳，便成为历代文人墨客独游或携赏的好去处。龙泉寺景点，美不胜收，令人流连忘返。

龙泉寺山门如图 6-22 所示，远远望去，两边低，中间高，附有避雷针，呈对称结构，犹如汉字"山"的形态，故称山门；龙泉寺法华塔如图 6-23～图 6-25 所示，为八角七级，楼阁式，每级佛塔雕刻有佛像；龙泉寺寺门如图 6-26 所示，四角挑檐式结构，淡黄色琉璃瓦堆叠，门口两座石狮子守护其左右。

图 6-22 龙泉寺山门

图 6-23　龙泉寺法华塔远景

图 6-24　龙泉寺法华塔正面

图 6-25　掩映于丛林松柏中的龙泉寺法华塔

图 6-26　龙泉寺寺门

6.3.2　土门关

土门关位于鹿泉区城西 2 km 处，太平河从村中穿过，分为东、西土门。此处曾是著名的汉代古战场——背水之战的主战场。从秦开始，土门关就已经筑有雄伟的关城，乃是兵家必争之地。《唐书·地理志》载："镇州获鹿有井陉关，又名土门关。"韩信破赵之战，发生在以土门关为中心，西到今井陉微水，东到获鹿县城，其间约 15 km 范围之内。历史记载，当时赵国之李左车让陈余集重兵于土门关，坚壁勿战，而以奇兵间道截其后，既可以放韩信入故关，而不使出土门关，如投虎于柙，所以致其死命。而陈余却固执己见，不在土门关设防，却在获鹿县城东北旷地驻兵。结果，韩信有机可乘，用奇计一战灭赵。土门关的瞭望塔如图 6-27 所示。

图 6-27　土门关的瞭望塔

现今，土门关在人文发展和改造下，成为石家庄市小有名气的景点之一。土门关风景如画，令人陶醉其中。清澈的太平河，隐藏在丛林中象征团结协作的如意磨盘，给人以历史厚重的旱码头遗址；古色古香整齐划一的小吃街，给人以浪漫和遐想的问情桥，令人流连忘返。

清澈的太平河从村中穿过，将其分为东、西土门，如图 6-28 所示。

图 6-28　太平河从村中穿过

如意磨盘如图 6-29 所示。石磨是古代的粮食加工的必备工具；算盘是账房先生、文人、贵族的随身之物，也常被当作富贵吉祥物为人们所携带，象征招财进宝、财源广进。

图 6-29　如意磨盘

土门关为战时要塞通道，是陕西省、山西省通往华北的必经之路，作为井陉口的门户，也是"太行八陉"的第五陉的东口。盛世则是连接东西南北的经济命脉，在明清两代商业兴旺达至鼎盛地位，犹似运河，故有"旱码头"之称。码头的青石板路上凹凸不平的印记、深深的车辙印，印证了当年旱码头的兴盛和繁荣。旱码头遗址如图 6-30 所示。

古色古香的小吃街如图 6-31 所示。

图 6-30　旱码头遗址

图 6-31　古色古香的小吃街

宋金时期的文学家元好问晚年定居在土门关，对亲情、友情、爱情参悟颇深，留下了很多著名诗词，广为流传的一句便是"问世间，情为何物，直教人生死相许"。人们带着美好的愿景将铁索桥取名为"问情桥"，如图 6-32 所示。

图 6-32 问情桥

"绿水青山就是金山银山"的重要理念成为全党全社会的共识，成为新发展理念的重要组成部分。生态环境是人类生存质量的重要保障。石家庄通过湿地建设、矿山环境修复、人文景观建设不断提高市民的生活质量。初夏的滹沱河，湖面宽阔、水质优良、鸟类云集，被誉为"地球之肾"湿地，对于生态环境的改善有着重要的意义。石家庄滹沱河湿地建设，实现了蓝天白云，绿意盎然；石家庄西部山区北良都和抱犊寨生态环境修复工程实现了矿山开发与人类和谐发展新篇章；龙泉寺、土门关等人文景观的建设丰富了人们的精神世界。生态环境和人文景观建设为石家庄经济的持续发展提供了健康的生态安全保障，实现了人与自然和谐共生。

参考文献

[1] 王青春, 贺萍, 申方乐, 等. 冀西南古元古界赵家庄组石英碎屑颗粒中首次发现微生物化石 [J]. 地质科学, 2022, 57(4):1189-1196.

[2] 贺萍, 王青春, 申方乐, 等. 冀西南中元古界长城系赵家庄组叠层砂质 MISS 组合的发现及意义 [J]. 西北大学学报 (自然科学版), 2020, 50(6):1005-1014.

[3] 王青春, 贺萍, 杜江民, 等. 太行山中南段长城系赵家庄组沉积特征 [J]. 西南石油大学学报 (自然科学版), 2017, 39(4):47-56.

[4] 王青春, 贺萍, 王祥. 河北太行山中段地质特征及地学实践价值研究 [J]. 河北地质大学学报, 2019, 42(2):12-19.

[5] 河北省区域地质矿产调查研究所. 河北省北京市天津市区域地质志 [M]. 北京 : 地质出版社, 2017.

[6] 郭康, 邸明慧. 嶂石岩地貌的理论研究与开发利用 [J]. 地理与地理信息科学, 2008, 24(3):79-82.

[7] 郭康. 嶂石岩地貌之发现及其旅游开发价值 [J]. 地理学报, 1992, 47(5):460-471.

[8] 杜江民, 白翠玲, 粟子渺, 等. 石家庄西部山区地质旅游资源及其开发与保护建议: 以井陉县测鱼镇周边地区为例 [J]. 地下水, 2017, 39(6):160-162.

[9] 李甜甜. 太行八陉沿线历史文化村镇空间分布与类型特色研究 [D]. 邯郸 : 河北工程大学, 2023.

[10] 孔润常 . 传统村落旅游助力乡村振兴：以井陉县传统村落保护与开发为例 [J]. 公关世界，2022(23):58-60.

[11] 柴艳霞，杨东伶，杨丽坤 . 影视文化创意产业推进美丽乡村建设的途径与策略 [J]. 传媒与艺术研究，2019(3):29-35.

[12] 张金亭 . 石头垒砌的人间：于家石头村探秘 [J]. 档案天地，2014(10):60-63.

[13] 千年古县　魅力井陉 [J]. 旅游纵览，2006(8):70-71.

[14] 王辉，李江海，吴桐雯 . 太行山地质遗迹特征与成因分析 [J]. 北京大学学报（自然科学版），2018，54(3):546-554.

[15] 杜倩倩 . 厚植生态底色　构筑大美家园 [N]. 石家庄日报，2022-08-09(001).

[16] 胡兵凯，刘铎 . 河北省测鱼—临城一带南寺组铜矿化特征及构造环境讨论 [J]. 世界有色金属，2016(14):101-102.